作者简介

刘焕存，男，汉族，1962 年 8 月出生，江苏省东台市人，工学硕士，注册土木工程师（岩土），研究员级高级工程师。中航勘察设计研究院有限公司专业总工程师，中国建筑学会工程勘察分会理事、北京土木建筑学会理事。

教育及工作经历：1982 年 9 月考入南京建筑工程学院，就读工业与民用建筑专业；1986 年 7 月本科毕业，同年考入中国建筑科学研究院，就读岩土工程专业，于 1989 年 7 月毕业。三十多年来一直在中航勘察设计研究院有限公司从事岩土工程勘察、设计与咨询、环境保护、地质灾害治理和岩土工程施工等方面的工作。

主要成果：作为技术负责人完成各类建设项目的岩土工程勘察、设计与技术咨询等累计数百项，其中荣获全国优秀工程勘察设计奖银质奖 2 项、中国勘察设计行业优秀勘察设计奖一等奖 1 项、二等奖 4 项、省部级优秀工程勘察一等奖 11 项、二等奖 5 项、三等奖 3 项，获得国家授权专利近 10 项，部分项目成果达到国际与国内领先水平，解决了多个项目的重大技术难题，确保了建设项目质量安全、技术先进、经济适用。参编国家标准 1 部，参加审核国家标准 3 部，审查行业协会标准 3 部，发表核心期刊论文 10 多篇，出版专著 2 部。

典型地质条件下大直径灌注桩试验研究及实践

刘焕存 著

中国建筑工业出版社

图书在版编目（CIP）数据

典型地质条件下大直径灌注桩试验研究及实践／刘
焕存著. — 北京：中国建筑工业出版社，2021.5
ISBN 978-7-112-26207-6

Ⅰ. ①典… Ⅱ. ①刘… Ⅲ. ①大直径桩－灌注桩－桩
承载力－试验－研究 Ⅳ. ①TU473.1-33

中国版本图书馆 CIP 数据核字（2021）第 105929 号

　　本书对多种典型地质条件下大直径灌注桩进行了试验研究，针对不同场地地质条件，开展不同桩长、不同桩径、不同桩周土（桩端土）处理措施、不同施工工艺等对比试验，所取得的科研成果为项目的桩基础优化设计、建设方制定投资计划、建设周期提供了依据，也为类似工程建设提供重要的参考价值。全书共分为 5 章，包括：新近深厚回填土地基处理及嵌岩桩承载力试验与研究、新近高填方区土质改良及嵌岩桩承载力试验与研究、一般第四条黏性土水下钻孔灌注桩承载力试验与实践、砂卵石地层后注浆钻孔灌柱桩桩承载力试验与研究、碎块状凝灰岩地层钻孔灌注桩承载力试验与实践。

　　本书适合从事岩土工程相关科研、设计、施工和教学等方面的人员参考。

责任编辑：杨　允
责任校对：张　颖

典型地质条件下大直径灌注桩试验研究及实践
刘焕存　著

＊

中国建筑工业出版社出版、发行（北京海淀三里河路 9 号）
各地新华书店、建筑书店经销
北京红光制版公司制版
天津翔远印刷有限公司印刷

＊

开本：787 毫米×1092 毫米　1/16　印张：13¾　插页：2　字数：346 千字
2021 年 6 月第一版　　2021 年 6 月第一次印刷
定价：**80.00** 元
ISBN 978-7-112-26207-6
（37748）

序　言

　　刘焕存研究员是国内岩土工程勘察、岩土工程设计、岩土工程咨询全价值链服务领域的开拓者之一，在复杂场地的勘察、高填方、深厚杂填土、湿陷性黄土地基处理、桩基施工、工程测试等方面都有很深的造诣。他首先提出的"夯扩挤密桩复合地基施工方法"获得了国家专利，提出了多元桩复合地基承载力、沉降的计算方法，并率先成功应用于实际工程，基于该计算方法的工程项目获得了全国优秀工程勘察设计银质奖，在岩土工程勘察设计行业产生了深远影响。

　　刘焕存同志1986年工业与民用建筑专业本科毕业后，进入中国建筑科学院地基基础研究所攻读岩土工程方向的硕士研究生，他是一位建筑结构理论基础扎实的岩土工程师。30多个春秋，他由一名普通技术人员成长为专业总工程师。他和他的团队先后结合试验或工程对夯实水泥土应力应变特性、填土地基湿陷性、高层建筑夯扩挤密桩复合地基沉降特性、高层建筑深厚杂填土地基综合处理、高填方地基湿陷性及地基处理综合治理，人工排降水垫层强夯置换处理饱和软土，高填方边坡防护等技术进行了研究和实践，获得了多项国家专利，10多项省部级以上的优秀工程勘察设计奖。他们的足迹遍及全国，远涉海外。刘焕存同志以严谨求实的科学态度和矢志不移的航空报国精神，为中航勘察设计研究院有限公司业绩版图的扩张、业务的拓展、技术的进步作出了重要贡献。

　　《典型地质条件下大直径灌注桩试验研究及实践》一书，是刘焕存同志总结了近十年来他的团队在重庆、成都、武汉、福清等典型地质条件的大直径灌注桩所开展的试验研究重要成果专著。本书重点介绍了重庆地区新近深厚回填土地基处理及嵌岩桩承载力试验研究和新近高填方土质改良及嵌岩桩承载特性试验与研究，武汉地区一般第四系黏性土水下钻孔灌注桩承载力试验与实践，成都地区深厚砂卵石地层后注浆钻孔灌注桩承载力试验与研究，福建福清地区碎块状凝灰岩地层钻孔灌注桩承载力试验与实践。

　　本书立足于工程实践，以工程中的难点为问题导向，以解决实际工程问题为科研目标，围绕近年来作者从事的一些典型地质条件下大直径灌注桩项目的岩土工程问题开展试验研究。内容涵括了桩基选型、对比试验、测试技术、理论分析及优化成果等多方面内容。首先结合结构形式、荷载分布及地质条件，进行系统的分析，形成针对性的桩基试验方案；考虑桩土相互作用特性，采用载荷试验、钻探、动力触探、面波、剪切等原位测试手段测定处理前后地基土特性，通过埋设测试元件对注浆、未注浆及桩周土注水等工况下的单桩竖向静载试验过程中桩身轴力、桩土相对位移、桩身变形等进行了量测；分析桩身侧摩阻力及桩端阻力分布，总结了针对不同地质条件下的桩基力学参数，阐明了各典型地层条件下不同桩径、不同桩端持力层、不同工况的大直径灌注桩的承载力、荷载传递特性，论述了采用地基处理或后注浆等手段的单桩承载力及变形性状；最后结合相关规范、试验成果及理论分析，提出了相应的单桩承

3

载力计算系数及桩基础优化设计建议，为项目建设节约了成本，缩短了工期。其成果可为类似场地大直径灌注桩实践与理论研究提供有益参考。

《典型地质条件下大直径灌注桩试验研究及实践》是一剂针对桩基工程疑难杂症处治的药方，详尽论述了解决各种典型地质条件下桩基实施难题的方法及过程。在前期方案阶段时，针对工程重点难点精心构思，认真做好科学论证，同时大胆突破，基于当前工程技术条件采用新思路，满足了大型高精密防微振厂房对地基基础的更高需求；而在进行大型现场试验时，小心验证，严格按照规程操作，不放过细节，用详实可靠的一手数据得出令人信服的研究结论，进而反馈于实际工程中。

我国幅员辽阔，各地区地质条件纷繁复杂，经济建设的发展也对工程适用性和复杂性提出了更高的要求，照搬本书中的具体做法不一定能够解决所有工程难题，但只要我们在继承前人成果的基础上，坚持理论与实践相结合的科学思想，坚持实事求是、精益求精的探索精神，就一定能够不断突破传统理论，创新技术与方法来应对岩土工程的新局面新问题。希望有志之士能够在本书成果经验的基础上，继续实践研究，在本领域作出新的成就。

全国工程勘察设计大师

前　言

桩基础因具有承载力高、压缩变形小、控制沉降效果好等特点而被广泛应用。我国幅员辽阔，地质条件东西南北各不相同，即使同一地区地层条件也相差巨大。同时受城市建设用地及环境条件的限制，不同地区、不同地质条件下不仅成桩工艺各不相同，而且成桩后桩的力学性能也有很大的差异。尽管国内已经有比较成熟的桩基规范，但是如何选择一种安全适用、技术先进、经济合理、确保质量、保护环境的桩基设计方案，依然是摆在结构设计工程师面前的最重要问题；而通过现场实践提供可信的桩基承载参数，并在此基础上研究总结其承载特性以供类似工程参考则是岩土工程师的应尽之责。

随着改革开放的深入和国家西部大开发的强力推进，一大批工业与民用建设项目在中西部地区纷纷落地，特别是各类高尖精的高新技术企业研究基地或生产厂房如雨后春笋般迅速建设起来，其中很多建筑都需要具有良好的防微振功能而多数选用桩基础。这些项目广泛分布于山区丘陵地带，原场地经削峰填谷形成建设场地，且大多采用山体爆破开凿的岩块作为填筑材料就地回填，从而形成深厚回填土建设场地。场地回填材料的粒径大小不一，小到黏粒，大到数米孤石、岩块，风化破碎程度不等，土性有冲洪积残积，其母岩有泥岩、砂岩、灰岩等，从全风化到微风化、强度相差巨大；同时由于回填方式大多为就地抛填，回填时间短，使得场地回填土的物理力学性质更为复杂。这种深厚回填土场地不经处理或处理不当都会使其上的地坪、建（构）筑物产生巨大的沉降或不均匀沉降，造成地坪脱空、建（构）筑物开裂，甚至成为危房，严重影响建筑物的使用功能。

此外，对于这种深厚回填土场地中的桩基设计到目前为止还有许多未解之谜。传统意义上单桩竖向承载力是由桩端和桩侧两部分提供的。桩侧土的性质决定了桩侧阻力的大小，嵌岩桩桩端岩性决定了桩端承载力的大小；但是，桩身是连续的，由于桩端嵌岩使得桩端压缩变形很小，只有桩身发生相对沉降桩侧摩阻力才能发挥，在这种条件下超长大直径嵌岩桩其桩侧摩阻力能否发挥，发挥多少？同时，由于桩长、桩径及桩侧摩阻力的作用，桩端阻力能否发挥到岩石的设计强度？填土的湿陷性对嵌岩桩承载力影响有多大？这些问题在现有规范中均没有深入的说明，导致基础桩设计过于盲目经验化，有必要结合实际工程进行深入的研究，使得在深厚回填土场地的嵌岩桩承载力设计更加经济合理。除此之外，信息技术高科技企业生产线项目的建设投入大，建设工期紧张。如某投资 300 多亿的半导体显示器生产基地，一般土建建设周期 12~18 个月，其中地基基础部分建设仅为 3~5 个月，基础桩数量达 17000 根，桩基施工速度是建设方严重关切的问题。如何在保证桩基质量的基础上加快桩基施工速度也是摆在岩土工程师面前的重要使命。

目前，国际、国内对正常土层或软土层中桩基试验研究较多，对以端承为主的嵌岩桩受力特性的研究相对较少，在我国《工业与民用建筑灌注桩基础设计与施工规程》JGJ 4—80 中未列入这类桩的计算方法，在《建筑地基基础设计规范》GBJ 7—89 中给出支承于基岩表面短粗桩只计算桩端阻力的计算模式，在《建筑桩基技术规范》JGJ 94—94 中给出嵌岩桩单桩承载力一般由桩周土总侧阻力 Q_{sk}、嵌岩段总侧阻力 Q_{rk} 和总端阻力 Q_{pk} 三部分组成的计算模式，94 规范编制时共收集到 63 根具有完整数据的原位试验桩资料。而《建筑桩基技术规范》JGJ 94—2008 又收集增加部分嵌岩桩的试验资料，给出计算模式不变，只调整了嵌岩段相关系数。这些都不涉及深厚填土以及负摩阻力对嵌岩桩受力特性的分析。《建筑桩基技术规范》JGJ 94—2008 主编认为"地质条件不仅是特定荷载条件下制约桩径、桩长的主要因素，也是选择桩型、成桩工艺的主要依据。"并进一步指出"上部不同结构类型及长高比具有不同的刚度、整体性及其对地基变形的不同适应能力；而不同的桩型、成桩工艺、桩端持力层、桩的长径比、排列与布置等，也具有不同的竖向和水平承载力与变形性状。因此，上部结构类型、桩的几何尺寸设计是桩基设计中应予考虑的重要因素"。

因此选取典型地质条件下的大直径灌注桩的试验研究具有重要的实际工程意义，同时对不同地质条件下桩基力学参数、受力特征、经验系数等的分析与关键参数取值也具有理论意义。十多年来中航勘察设计研究院有限公司刘焕存教授级高工及其团队对重庆地区典型新近深厚回填土大直径嵌岩灌注桩、成都地区典型深厚砂卵石地层后注浆大直径灌注桩、武汉地区典型深厚黏性土夹砂土沉积地层大直径灌注桩、福清地区典型破碎凝灰岩地层大直径灌注桩等进行了数十根大吨位原位载荷试验，并针对场地地质条件特性，开展不同桩长、不同桩径、不同桩周土（桩端土）处理措施、不同施工工艺对比试验，获得了第一手可靠的数据。所取得的科研成果为项目的桩基础优化设计、建设方制定投资计划、建设周期提供了依据。同时本书成果的展现，对当地类似工程建设也具有重要的参考价值。

本书成果得到了工程建设单位京东方光电科技有限公司、项目设计单位世源科技工程有限公司等单位的大力支持和帮助，在此表示衷心的感谢。

本书试验方案设计得到了王笃礼勘察大师、化建新勘察大师、吴春林研究员、孙宏伟教授级高工、赵广鹏教授级高工等专家的指导。参加试验研究工作的还有黎良杰、李建光、魏海涛、穆伟刚、张辉、邹超群、刘涛、蔡智、刘志仲、曹亮、田建成、佟丹、孙凤玲、邓才雄、肖文栋、王小波等工程技术人员，在此一并致谢！

目　　录

第1章　新近深厚回填土地基处理及嵌岩桩承载力试验与研究

本章以京东方重庆 B8 新型半导体显示器件及系统项目为依托，着重介绍了针对深厚回填土及大直径嵌岩桩在工程设计与工程施工中所关注的问题而展开的现场原位试验研究。对新近深厚回填土的湿陷性，桩周土湿陷对桩侧摩阻力的作用，不同地基处理方法对消除桩周土湿陷性的影响、桩长大于 30m 的大直径嵌岩桩桩侧阻力的分布形态、桩端阻力发挥程度，以及通过特制装置对桩身压缩量、桩端沉降量进行了单桩加载—卸载—恒载全过程的测试研究，得出了有应用价值的成果。并根据单桩静载荷试验测试成果提出了经高能量强夯处理后的嵌岩桩单桩承载力计算公式（$Q_{uk}=Q_{sk}+CQ_{rk}$，其中 C 为试验研究所得综合发挥系数）。

1.1　概述

1.1.1　工程概况

京东方重庆第 8.5 代新型半导体显示器件及系统项目位于重庆市北碚区水土镇云汉大道西侧，水土收费站附近，工程总用地面积 285002m²，总建筑面积 930146m²，包括 1～23 号厂房、仓库等多个单体建筑。

本场地大部分区域表层为素填土，由爆破削山破碎的强风化、中风化岩石回填，最大回填厚度接近 60m。根据本工程勘察资料，回填土大致分两次回填，一次为两年前回填，一次为新填。填土的处理、桩基础设计及施工是本工程需重点解决的问题。由于厂房荷载大、基础对变形敏感且有防微振要求，对地基处理及桩基础均有较严格的要求，但场地的深厚填土未经压实处理，且回填时间短，属欠固结土，地基极易产生变形且不均匀，需在设计和施工前充分验证，选择经济合理、技术可行的地基处理方法，达到进一步优化桩基础设计的目的。

1.1.2　工程地质及水文地质条件

（1）地形地貌

本场地原为典型构造剥蚀浅切丘陵地貌，区内浅丘较发育，丘陵之间相对低洼处为耕地或水田、鱼塘等。

（2）地质条件

试验区地层上部为人工素填土及部分坡残积粉质黏土，下部为泥岩和砂岩。第一试验区场地标高为 291.0m，第二试验区场地标高为 304.0m；填土由爆破削山破碎的强风化、中风化岩石回填，主要由开山挖掘出的砂岩和泥岩碎块组成，碎块含量一般在80%以上，局部夹少量黏性土，碎块一般粒径为60～400mm，最大粒径达1m以上。

（3）水文条件

试验场地内主要为第四系松散岩类孔隙水和基岩风化裂隙水，素填土赋水性差，透水性较好，在雨季可能赋存上层滞水，其水量较小，滞留时间较短；粉质黏土层隔水性较好，下伏泥岩较完整，隔水性好；砂岩为含水层，基岩地层赋存地下水条件较差。地表水、地下水均对岩土体的影响小。

1.2　试验方案简介

本次试验主要包括以下几个目的：

（1）测试单桩承载力、桩身侧摩阻力分布以及注水条件下的负摩阻力；

（2）检验强夯对填土的加固效果；

（3）评估场地注浆对桩基础承载力的影响；

（4）验证本场地条件下桩基础的成孔工艺。

为此共设置了两个试验区，其中第一试验区位于深厚回填土区，为强夯与试桩结合的试验区，并在其中的一组试桩区进行填土注浆试验以及注水试验；第二试验区为填土厚度较薄的强夯试验区。两个试验区均对强夯效果进行评价，但第一试验区重点对灌注桩设计所需相关参数及工艺进行测试验证。

试验方案整体技术路线如图1.2-1所示。

1.2.1　试验内容

1. 第一试验区试验内容

第一试验区（灌注桩综合试验区）位于场地东南角阵列厂房南侧，填土深度为30m左右，首先进行强夯地基处理，然后进行灌注桩的施工及测试。

试验中对四种不同状态下桩的承载特性进行试验验证：

（1）不浸水、注浆条件下单桩承载力特征；

（2）不浸水、不注浆条件下单桩承载力特征；

（3）浸水、注浆条件下桩侧负摩阻力特征；

（4）浸水、不注浆条件下桩侧负摩阻力特征。

强夯试验内容包括：高能量强夯（10000kN·m）影响深度及强夯后地基处理效果；验证旋挖成孔工艺在本场地内的适用性。

2. 第二试验区试验内容

第二试验区（强夯专项试验区）位于2号厂房内，填土深度为10m左右，主要进行强夯处理，然后评估强夯处理效果。

试验内容包括强夯前后的面波测试、强夯前后的地基土静载荷试验（包括浸水与不浸水两种工况）及超重型动力触探试验。

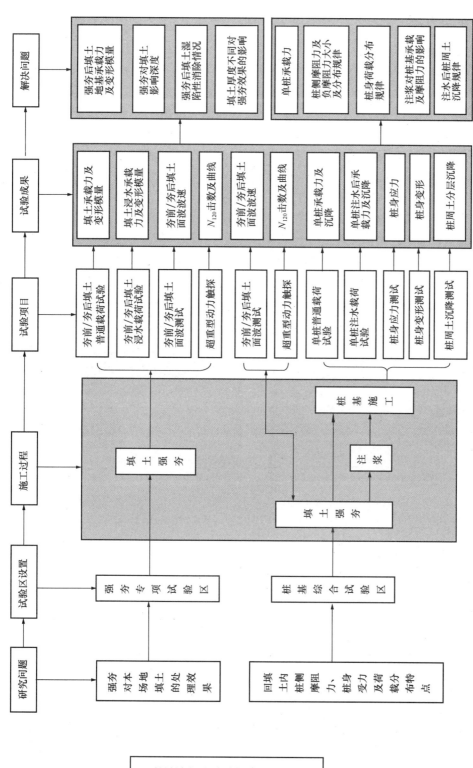

图 1.2-1 试验技术路线图

1.2.2 试验方案

1. 第一试验区试验方案

（1）强夯参数

本试验区是强夯与试桩相结合的区域，即场地先进行高能量强夯，然后再进行桩基施工及试验检测（图 1.2-2，图 1.2-3）。强夯试验区面积为 $1500m^2$ 左右，强夯处理方式为三遍点夯，一遍满夯，具体强夯参数如下：

强夯能量：第一遍、第二遍点夯夯击能为 $10000kN \cdot m$，第三遍单点夯击能为 $3000kN \cdot m$，满夯能量为 $1500kN \cdot m$；

夯点布置：第一遍、第二遍点夯按照 $10m \times 10m$ 均匀布置，且两遍点夯交叉，第三遍点夯位于前两遍点夯之间，满夯锤印搭接不小于 $1/4$；

夯击数：第一遍、第二遍单点夯击次数为 $12 \sim 14$ 击，同时满足最后两击平均下沉量不大于 $200mm$；第三遍单点夯击次数为 $8 \sim 12$ 击，同时满足最后两击平均下沉量不大于 $50mm$；满夯单点夯击 2 次。

图 1.2-2　第一试验区强夯施工图（一）　　　图 1.2-3　第一试验区强夯施工图（二）

（2）试验桩设计参数

第一试验区灌注桩静载荷试验共分两组（6 根试桩），其中第一组 3 根试桩位于桩周土未注浆区域，试桩编号为 ZH4、ZH5、ZH6；第二组 3 根试桩位于桩周土注浆后区域，试桩编号为 ZH1、ZH2、ZH3。每根试桩布置 4 根锚桩，为载荷试验提供反力。两组试验平面布置如图 1.2-4、图 1.2-5 所示。

试验桩桩径 1.2m，桩长 $34 \sim 35m$，以桩端进入基岩不小于 4m 控制，桩身混凝土强度等级 C40；锚桩桩长与试验桩相同，锚桩桩侧后注浆以提高抗拔力。

对桩周土未注浆的区域（ZH4、ZH5、ZH6 试验桩），载荷试验桩顶荷载自 2400kN 开始加载，逐级加载至设计最大单桩承载力计算值（试验中取为 12000kN），随后分级卸载至 6000kN 并维持，在各级荷载均观测桩身沉降直至稳定状态。在维持恒载（6000kN）期间通过桩四周预设的注水孔向深层桩周土采用分层高压注水，观测注水、恒载工况下桩身变形及轴力变化。

对桩周土注浆区域（ZH1、ZH2、ZH3 试验桩），载荷试验桩顶荷载自 2900kN 开始加载，逐级加载至设计最大单桩承载力计算值（试验中取为 14500kN），随后分级卸载至

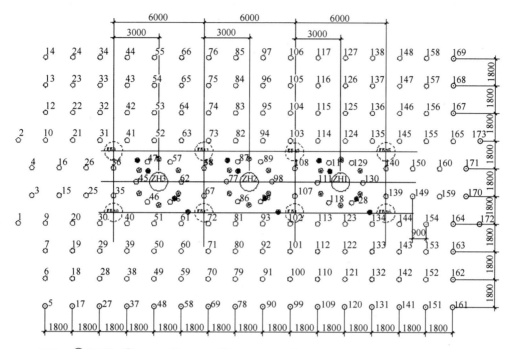

图 1.2-4 第一区一组试验平面布置图

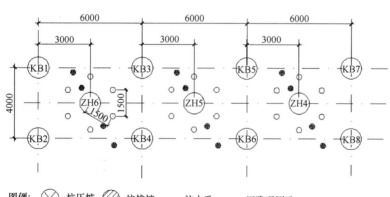

图 1.2-5 第一区二组试验平面布置图

7250kN 并维持,在各级荷载均观测桩身沉降直至稳定状态。在维持恒载(7250kN)期间通过桩四周预设的注水孔向深层桩周土注水,观测注水、恒载工况下桩身变形及轴力变化。

试验中所有试桩及锚桩均为现浇钢筋混凝土灌注桩,施工均采用旋挖钻机机械成孔(图 1.2-6,图 1.2-7)。

2. 第二试验区试验方案

第二试验区为专项强夯试验区。本试验区主要是对填土厚度相对较薄区域(约为10m)强夯加固效果进行检验,并与第一试验区厚层填土(大于30m)条件下的强夯进行对比,比较不同填土厚度条件下相同强夯能量填土加固效果的差异。

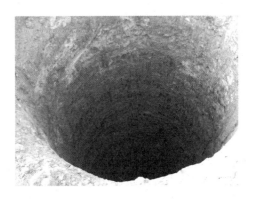

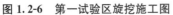

图1.2-6　第一试验区旋挖施工图　　　　图1.2-7　第一试验区强夯后旋挖成孔

（1）强夯试验区面积为2500m²（50m×50m），强夯处理方式为三遍点夯，一遍满夯，强夯参数如下：

① 强夯能量：第一、第二遍点夯夯击能为10000kN·m，第三遍单点夯击能为6000kN·m，满夯能量2000kN·m；

② 强夯点布置：第一、第二遍点夯按照9m×9m均匀布置，且两遍点夯交叉，第三遍点夯位于前两遍点夯之间，满夯锤印搭接不小于1/4；

③ 强夯击数：第一、第二遍单点夯击次数为12~14击，同时满足最后两击平均下沉量不大于200mm；第三遍单点夯击次数为8~12击，同时满足最后两击平均下沉量不大于100mm；满夯单点夯击2次。

（2）强夯效果检验及评价

强夯效果的检测手段包括夯前与夯后的面波测试、载荷试验、超重型动力触探试验，其中载荷试验包括普通载荷试验和浸水载荷试验，普通载荷试验直接检测强夯后填土的承载力及变形参数，浸水载荷试验主要评价强夯消除填土湿陷性的效果。

（3）检测数量

强夯前场地进行的检测项目包括：面波测试（按4条测线布置）、5台载荷试验（其中3台为普通载荷试验，2台为浸水载荷试验）。强夯后场地进行的检测项目包括：面波测试（按4条测线布置）、6台载荷试验（其中3台为普通载荷试验，3台为浸水载荷试验）、超重型动力触探试验。

1.3　试验过程简介

根据各试验区试验目的，两个试验区的试验过程存在一定的差异，其中第一试验区首先进行地基处理（即强夯、注浆），之后进行试桩试验；第二试验区只进行强夯地基处理，对其效果进行检验。具体过程分别说明如下：

1.3.1　施工主要方法简介

（1）试验区高能级强夯施工

本试验高能级强夯（10000kN·m）施工采用设备为杭州重型机械有限公司生产的

HZQH5000型号强夯机，夯锤直径d为2.6m，高度约为1.6m，重量为57t。

第一试验区（桩基综合试验区）夯前场地标高为291.1m；强夯按照三遍点夯一遍满夯的顺序进行，每遍点夯之间间隔$2d$。第一遍、第二遍点夯夯击能为10000kN·m，点夯后夯坑直径约5m，夯坑深度3.5~4m；第三遍点夯夯击能为3000kN·m，夯坑直径约为3m，夯坑深度为1.0~1.5m；满夯夯击能为1500kN·m。整体强夯完成后场地标高为290.0m，场地平均下沉量为1.1m。

第二试验区（强夯专项试验区）夯前场地标高为304.0m；强夯按照三遍点夯一遍满夯的顺序进行，每遍点夯之间间隔$2d$。第一遍、第二遍点夯夯击能为10000kN·m，点夯夯坑直径约为5m，夯坑深度约3.5m；第三遍点夯夯击能为6000kN·m，夯坑直径约为3m，夯坑深度为1.3m；满夯夯击能为2000kN·m。整体强夯完成后场地标高为303.1m，场地平均下沉量为1.0m。

两个试验区强夯具体参数汇总如表1.3-1所示。

各试验区强夯地基处理参数表 表1.3-1

强夯区位置		强夯能量（kN·m）	夯点布置
第一试验区	第一遍点夯	10000	10m×10m
	第二遍点夯	10000	10m×10m
	第三遍点夯	3000	第一、二遍夯点中间
	满夯	1500	搭接不小于$d/4$
第二试验区	第一遍点夯	10000	9m×9m
	第二遍点夯	10000	9m×9m
	第三遍点夯	6000	第一、二遍夯点中间
	满夯	2000	搭接不小于$d/4$

（2）桩周场地土注浆及灌注桩施工

第一试验区分为两个试验组，第一试验组在进行桩周场地土注浆后进行灌注桩施工；第二试验组直接进行灌注桩施工。

桩周场地土注浆采用多重管分段高压喷射注浆。各注浆孔内分段埋设多根注浆管，管底深度分别为5m、10m、15m、20m、25m和30m，保证最下端注浆管与填土底部间距不大于2m，每根注浆管分为盲管和花管两段，管底端封闭。注浆孔封孔材料为现场黏性土，封孔深度为2.0m。注浆设备采用"黑旋风"高压泵，注浆压力常压为10MPa，峰值为20MPa。注浆采用自下而上的后退式分段注浆法，在深部注浆满足要求后方可进行上部相邻注浆管的注浆。

灌注桩施工采用旋挖干成孔工艺，成孔设备为福田260型旋挖钻机。

（3）桩身应力应变测试元件埋设

钢筋应力计、沉降板、声测管等元件设置在各试验桩钢筋笼上；钢筋应力计沿桩身长度自桩顶向下5m埋设一组（每组3个），每根试验桩共埋设6组（18个），采用直螺纹套筒与钢筋主筋连接；桩身沉降板及沉降杆在桩顶以下10m、20m和30m埋设，每根桩的每个测试断面均匀埋深3个沉降测试器件，6根试验桩共计54个测试器件。沉降板及沉降杆与桩身主筋焊接在一起，沉降杆外为ABS套管，将沉降杆与混凝土隔离，同时在

7

沉降杆上涂抹润滑黄油，保证各沉降杆能够自由沉降。并在桩顶预留出埋设元器件的端头，端头要做好防水绝缘保护。

1.3.2　第一试验区试验过程

本试验区内试桩分为两组，每组试验包括 3 根试桩，8 根为静载荷试验提供反力的锚桩（抗拔桩）。共计试桩 6 根，锚桩 16 根，两组试验平面布置如图 1.2-4、图 1.2-5 所示。具体试验步骤如下：

（1）选定试验区；

（2）场地的平整与复测；

（3）试验区高能量级强夯（10000kN·m）施工；

（4）强夯效果检测；

（5）桩间土注浆及灌注桩施工；

（6）桩体养护及锚桩桩侧后压浆；

（7）单桩静载荷试验（浸水和不浸水两种状态）；

（8）成果整理分析，计算相关参数，验证施工工艺。

1. 单桩静载荷试验过程

本试验单桩静载荷试验按照《建筑基桩检测技术规范》JGJ 106—2003 的要求，采取慢速维持荷载法进行分级加载。本次静载荷试验加载共分为 9 级，卸载分 3～4 级，在加载达到试桩承载力计算最大值并稳定后逐级卸载至最大加载值的一半并维持恒载；在恒载过程中通过注水管对桩周土进行注水，在持续浸水的工况下，测定桩身轴力及变形、桩间土的沉降等参数。最后根据对实测数据的分析计算，得出两组试验桩的各种受力及变形指标。

第一组单桩载荷试验加/卸载过程　　　　　　　　　　　　　　　　表 1.3-2

阶段	加载过程及荷载大小（kN）								
加载	1	2	3	4	5	6	7	8	9
	2900	4350	5800	7250	8700	10150	11600	13050	14500
卸载	1	2	3						
	12100	9700	7250						
恒载	1	2	3	4	5				
	7250	7250	7250	7250	7250				
备注	1. 本组试桩包括 ZH1、ZH2 及 ZH3，桩周土经注浆处理； 2. 恒载阶段指桩周土注水阶段，该阶段桩顶为恒载，按时间（h）分段								

第二组单桩载荷试验加/卸载过程　　　　　　　　　　　　　　　　表 1.3-3

阶段	加载过程及荷载大小（kN）								
加载	1	2	3	4	5	6	7	8	9
	2400	3600	4800	6000	7200	8400	9600	10800	12000
卸载	1	2	3						
	10000	8000	6000						

阶段	加载过程及荷载大小（kN）							
恒载	1	2	3	4	5			
	6000	6000	6000	6000	6000			
备注	1. 本组试桩包括 ZH4、ZH5 及 ZH6 试桩，桩周土未经注浆处理； 2. 恒载阶段指桩周土注水阶段，该阶段桩顶为恒载，按时间（h）分段							

2. 桩身测试原件埋设

（1）桩身测试元件（如钢筋应力计、沉降板、声测管）的绑扎、埋设如图 1.3-1～1.3-4 所示，制作试验桩桩帽；

（2）埋设地基土深层沉降标。

图 1.3-1 桩身沉降板安装图

图 1.3-2 钢筋笼制作图

图 1.3-3 钢筋应力计安装

图 1.3-4 试验桩桩头平面图

1.3.3 第二试验区试验过程

第二试验区位于 2 号厂房内，填土厚度为 10m 左右，试验区面积为 2500m²（50m×50m），强夯的主要目的是为了提高地基承载力，消除湿陷性，其效果的检测包括强夯前后的面波测试及载荷试验，载荷试验分为普通载荷试验与浸水载荷试验，以验证强夯消除填土湿陷性的效果。

第二试验区试验过程：场地平整→静载荷试验（包括浸水和不浸水两种状态）→强夯前面波测试→强夯施工→强夯后面波测试→超重型动力触探测试→静载荷试验（包括浸水

和不浸水两种状态)。

第二试验区试验实施过程:

(1) 强夯前面波测试:2013 年 8 月 6 日。

(2) 填土强夯(地基处理):2013 年 8 月 6 日~8 月 19 日。同日进行强夯后面波测试。

(3) 超重型动力触探试验:2013 年 8 月 20 日~8 月 25 日。

(4) 静载荷试验:2013 年 8 月 22 日~9 月 16 日。

图 1.3-5　强夯施工图　　　　　　　　　图 1.3-6　强夯施工图

1.4　试验完成工作量统计

1.4.1　第一试验区试验项目及完成工作量

项目	项目类别	单位	数量	规格	主要指标说明
试桩	静载荷试验	台	6	3 台最大加载量为 1200t,3 台最大加载量为 1450t	两组试验 4 个工况,包括浸水和不浸水两个过程
	桩身轴力测试	组	36	振弦式钢筋应力计	每组包括 3 个测试单元,用应力检测仪(多通道 32 点采集仪)测试钢筋应力
	桩身应变测试	组	18	沉降板	每组包括 3 个测试单元,采用千分表测试混凝土应力变形
	桩周土沉降测试	组	24	深层沉降标	每组包括 3 个测试单元,用沉降测试仪测试桩周土的沉降
	声波测试	组	18	声波测试管	检测灌注桩桩身完整性
	动力触探	个	5	超重型动力触探	强夯后进行 5 个超重型动力触探,检测强夯对土的加固效果
强夯	动力触探	个	5	超重型动力触探	注浆后进行 5 个超重型动力触探,检测注浆对土的加固效果
	面波测试	次	2	瑞利面波测试	强夯前后在试验区域各布置 9 条检测测线,测线间距为 5m,测线长度为 24m

1.4.2 第二试验区试验项目及完成工作量

项目类别	单位	数量	规格	主要指标说明
静载荷试验	台	11	6台普通静载荷试验 5台浸水静载荷试验	强夯前进行3台普通静载荷试验，2台浸水载荷试验；强夯后进行3台普通静载荷试验，3台浸水载荷试验
动力触探	个	5	超重型动力触探	强夯后进行5个超重型动力触探，检测强夯对土的加固效果
面波测试	次	2	瑞利面波测试	强夯前后在试验区域各布置9条检测测线，测线间距为5m，测线长度为24m

1.5 地基土强夯试验及结果分析

为了评价强夯后地基土改良效果和测试强夯有效加固深度，本试验区进行了强夯前后面波试验、强夯前后静载试验（含浸水与不浸水两种工况）和强夯后超重型动力触探试验。通过对强夯前后的参数对比加固效果。

检测试验共取得了强夯前后4组面波测试数据，6台不浸水载荷试验和5台浸水载荷试验、10组重型动力触探试验。试验方法及结果分析如下。

1.5.1 地基土静载荷试验

1. 试验方法

（1）试验仪器

千斤顶：150t油压千斤顶，检校合格；

压力表：0.4精度级标准压力表，量程0～60MPa，检校合格；

千分表：0～50mm量程百分表，检校合格；

油泵：SY63型手动油泵；

刚性承压板、传力筒。

图 1.5-1 强夯后地基土静载荷试验　　　图 1.5-2 强夯后地基土静载荷试验

（2）试验按重庆市标准《建筑地基基础设计规范》DBJ 50—047—2006 附录 B 的规定进行。

（3）试验采用液压千斤顶加荷，用压力表测量试验荷载，荷载反力由强夯机提供，具体试验方法如下：

1）试验前在承压板底面上铺一层厚度不超过 20mm 的砂垫层，并找平。

2）放上承压板（厚度为 50mm，直径为 800mm，面积为 0.5m²），安装后加荷。

3）加载方式采用单循环加载，荷载逐级递增直到破坏。每级加载后，按间隔 10min、10min、10min、15min、15min，以后为每隔半小时测读一次沉降量，当在连续 2h 内，每小时的沉降量小于 0.1mm 时，则认为已趋稳定，可加下一级荷载。沉降量的测量采用 4 只对称的百分表进行，测表支架点安置在不受变形影响的位置。

4）当出现下列情况之一时，终止试验：

① 承压板周围土体出现明显侧向挤出；

② 某一级荷载下，24h 内沉降速率不能达到稳定标准时；

③ 沉降量 s 急骤增大，荷载与沉降关系（p-s）曲线出现陡降段时；

④ 沉降量与承压板宽度或直径之比大于等于 0.06。

当出现前四种情况之一的时候，其对应的前一级荷载定为极限荷载，该极限荷载即为极限承载力。

同一土层参加统计的试验点不应小于 3 点，当试验实测值的极差不超过平均值的 30%时，取平均值作为强夯后填土的极限承载力标准值。

2. 参数测试与指标计算

（1）试验荷载按下式计算

$$p = \frac{p_1 + p_2}{A}$$

式中：p——作用于地基土上的垂直压力（kPa）；

p_1——试验荷载值（kN）；

p_2——设备自重（kN）；

A——承压板面积（m²）。

（2）地基沉降量、残余沉降量分别按下式计算

$$s = s_{i+1} - s_i$$

$$s' = s'_i - s'_{i+1}$$

式中：s——地基沉降量（mm）；

s_i——某级荷载下百分表读数（mm）；

s_{i+1}——某级荷载下后一观测时间的百分表读数（mm）；

s'——地基残余沉降量（mm）；

s'_i——某级卸荷荷载下百分表读数（mm）；

s'_{i+1}——某级卸荷荷载下后一观测时间的百分表读数（mm）。

（3）地基变形模量的确定

$$E_0 = \frac{\omega p d (1 - \mu^2)}{s}$$

式中：E_0——试验地基土的变形模量（MPa）；

    ω——刚性承压板的形状系数（圆形承压板取0.785）；

    μ——泊松比，碎石土强夯后取0.27，碎石土强夯前取0.3；

    p——施加的总垂直压力（kPa）；

    d——承压板的边长或直径（m）；

    s——与p对应的地基总沉降量（mm）。

（4）根据各级荷载及相对应的地基沉降量绘制荷载（p）-沉降量（s）曲线。

（5）地基承载力特征值的确定

1）当p-s曲线上有比例界限时，取该比例界限所对应的荷载值。

2）当极限荷载小于对应比例界限荷载值的2倍时，取极限荷载的一半。

3）当不能按上述情况确定时，当承压板面积为$0.25\sim0.5m^2$，可取$s/b=0.01\sim0.015$所对应的荷载，但其值不应大于最大加载量的一半。

3. 试验结果分析

（1）静载荷试验数据及地基土静载荷试验p-s曲线如下。

① 试验号：ZHSY1（夯后-普通）

加载-荷载 p（kPa）	149.9	268.2	386.6	504.9	623.3	741.6	830.4	919.1	1007.9
累计沉降量 s（mm）	2.45	5.70	8.59	11.30	14.47	21.24	29.33	36.67	49.62
各级沉降量 s（mm）	2.45	3.25	2.89	2.71	3.17	6.77	8.09	7.34	12.95
变形模量（MPa）	—	27.4	26.2	26.0	—	—	—	—	—
卸载-荷载 p（kPa）	741.6	504.9	268.2	0	—	—	—	—	—
累计沉降量 s（mm）	45.75	41.57	36.44	26.35	—	—	—	—	—
各级沉降量 s（mm）	−3.87	−4.18	−5.13	−10.09	—	—	—	—	—

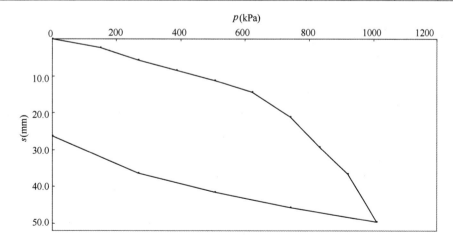

② 试验号：ZHSY2（夯后-普通）

加载-荷载 p（kPa）	209.1	327.4	445.8	564.1	623.3	682.4	741.6	800.8	860.0
累计沉降量 s（mm）	6.55	9.03	12.57	16.09	19.65	23.54	28.52	36.67	47.87
各级沉降量 s（mm）	6.55	2.48	3.54	3.52	3.56	3.89	4.98	8.15	11.20
变形模量（MPa）	—	20.9	20.8	20.4	—	—	—	—	—
卸载-荷载 p（kPa）	623.3	445.8	209.1	0	—	—	—	—	—
累计沉降量 s（mm）	45.95	43.14	38.42	31.85	—	—	—	—	—
各级沉降量 s（mm）	−1.92	−2.81	−4.72	−6.57	—	—	—	—	—

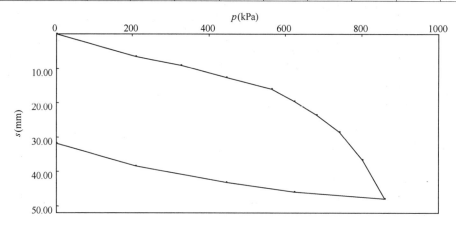

③ 试验号：ZHSY3（夯后-普通）

加载-荷载 p（kPa）	238.7	327.4	445.8	564.1	682.4	800.8	919.1	1037.5	1155.8
累计沉降量 s（mm）	3.92	5.25	7.18	9.11	11.05	14.11	19.05	23.90	32.94
各级沉降量 s（mm）	3.92	1.33	1.93	1.93	1.94	3.06	4.94	4.85	9.04
变形模量（MPa）	—	36.3	36.1	36.1	36.0	—	—	—	—
卸载-荷载 p（kPa）	800.8	445.8	238.7	0	—	—	—	—	—
累计沉降量 s（mm）	31.22	27.85	23.46	14.63	—	—	—	—	—
各级沉降量 s（mm）	−1.72	−3.37	−4.39	−8.83	—	—	—	—	—

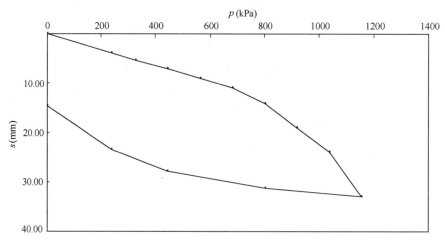

④ 试验号：ZHSY4（夯前-普通）

加载-荷载 p（kPa）	149.9	209.1	268.2	327.4	386.6	445.8	504.9	564.1	623.3
累计沉降量 s（mm）	5.93	8.36	10.55	12.55	14.87	18.40	23.39	30.61	45.33
各级沉降量 s（mm）	5.93	2.43	2.19	2.00	2.32	3.53	4.99	7.22	14.72
变形模量（MPa）	—	14.6	14.8	15.2	15.1			—	—
卸载-荷载 p（kPa）	445.8	268.2	149.9	0	—	—	—	—	—
累计沉降量 s（mm）	42.94	40.39	36.81	26.35	—	—	—	—	—
各级沉降量 s（mm）	−2.39	−2.55	−3.58	−10.46	—	—	—	—	—

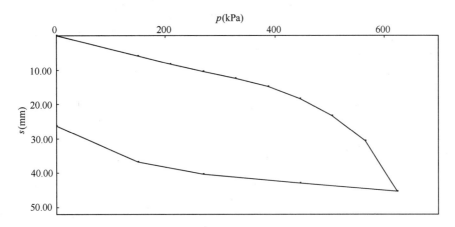

⑤ 试验号：ZHSY5（夯前-普通）

加载-荷载 p（kPa）	149.9	209.1	268.2	327.4	386.6	445.8	504.9	564.1	623.3
累计沉降量 s（mm）	6.34	9.10	11.75	14.17	16.65	20.43	25.16	30.61	46.72
各级沉降量 s（mm）	6.34	2.76	2.65	2.42	2.48	3.78	4.73	5.45	16.11
变形模量（MPa）	—	13.4	13.3	13.5	13.5			—	—
卸载-荷载 p（kPa）	445.8	268.2	149.9	0	—	—	—	—	—
累计沉降量 s（mm）	44.51	39.98	35.65	24.97	—	—	—	—	—
各级沉降量 s（mm）	−2.21	−4.53	−4.33	−10.68	—	—	—	—	—

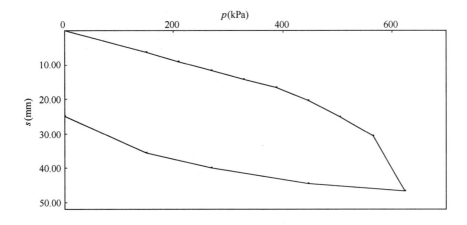

⑥试验号：ZHSY6（夯前-普通）

加载-荷载 p（kPa）	149.9	209.1	268.2	327.4	386.6	445.8	504.9	564.1	623.3
累计沉降量 s（mm）	5.39	7.57	9.94	11.96	14.13	16.28	19.87	26.14	42.72
各级沉降量 s（mm）	5.39	2.18	2.37	2.02	2.17	2.15	3.59	6.27	16.58
变形模量（MPa）	—	16.1	15.7	15.9	15.9	15.9	—	—	—
卸载-荷载 p（kPa）	445.8	268.2	149.9	0	—	—	—	—	—
累计沉降量 s（mm）	40.51	36.28	32.06	23.75	—	—	—	—	—
各级沉降量 s（mm）	−2.21	−4.23	−4.22	−8.31	—	—	—	—	—

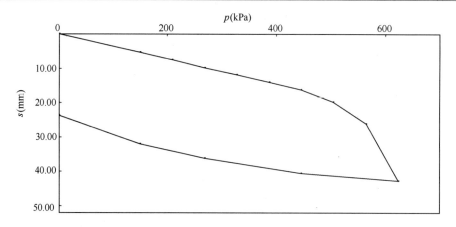

⑦ 试验号：ZHSY7（夯后-浸水）

加载-荷载 p（kPa）	149.9	209.1	268.2	327.4	386.6	445.8	504.9	564.1	623.3
累计沉降量 s（mm）	5.01	7.22	9.28	11.74	13.87	16.14	22.39	30.62	45.53
各级沉降量 s（mm）	5.01	2.21	2.06	2.46	2.13	2.27	6.25	8.23	14.91
变形模量（MPa）	—	16.9	16.8	16.2	16.2	16.1	—	—	—
卸载-荷载 p（kPa）	445.8	327.4	149.9	0	—	—	—	—	—
累计沉降量 s（mm）	43.12	40.15	33.84	23.38	—	—	—	—	—
各级沉降量 s（mm）	−2.41	−2.97	−6.31	−10.46	—	—	—	—	—

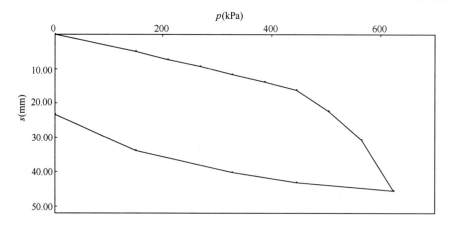

⑧ 试验号：ZHSY8（夯后-浸水）

加载-荷载 p（kPa）	149.9	209.1	268.2	327.4	386.6	445.8	504.9	564.1	623.3
累计沉降量 s（mm）	6.11	8.79	11.19	13.64	16.43	20.65	23.52	29.16	42.94
各级沉降量 s（mm）	6.11	2.68	2.40	2.45	2.79	4.22	2.87	5.64	13.78
变形模量（MPa）	—	13.8	14.0	14.0	13.7	—	—	—	—
卸载-荷载 p（kPa）	445.8	327.4	149.9	0	—	—	—	—	—
累计沉降量 s（mm）	40.32	37.47	31.43	20.15	—	—	—	—	—
各级沉降量 s（mm）	−2.62	−2.85	−6.04	−11.28	—	—	—	—	—

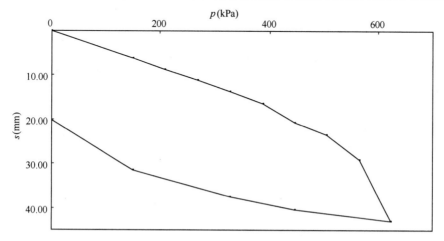

⑨ 试验号：ZHSY9（夯后-浸水）

加载-荷载 p（kPa）	149.9	238.7	327.4	416.2	504.9	564.1	623.3	682.4	741.6
累计沉降量 s（mm）	4.69	7.95	10.98	13.76	17.05	20.44	24.16	28.25	39.91
各级沉降量 s（mm）	4.69	3.26	3.03	2.78	3.29	3.39	3.72	4.09	11.66
变形模量（MPa）	—	17.5	17.4	17.6	17.2	—	—	—	—
卸载-荷载 p（kPa）	564.1	386.6	209.1	0	—	—	—	—	—
累计沉降量 s（mm）	37.65	34.63	30.32	21.65	—	—	—	—	—
各级沉降量 s（mm）	−2.26	−3.02	−4.31	−8.67	—	—	—	—	—

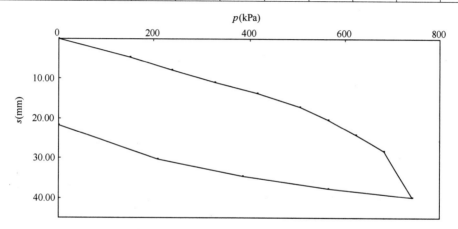

⑩ 试验号：ZHSY10（夯前-浸水）

加载-荷载 p（kPa）	149.9	179.5	209.1	238.7	268.2	297.8	327.4	357.0	386.6
累计沉降量 s（mm）	7.12	8.87	10.50	12.21	15.36	18.46	22.36	27.37	39.54
各级沉降量 s（mm）	7.12	1.75	1.63	1.71	3.15	3.10	3.90	5.01	12.17
变形模量（MPa）	—	11.8	11.6	11.4	—	—	—	—	—
卸载-荷载 p（kPa）	297.8	209.1	120.3	0	—	—	—	—	—
累计沉降量 s（mm）	37.62	34.84	31.49	23.71	—	—	—	—	—
各级沉降量 s（mm）	−1.92	−2.78	−3.35	−7.78	—	—	—	—	—

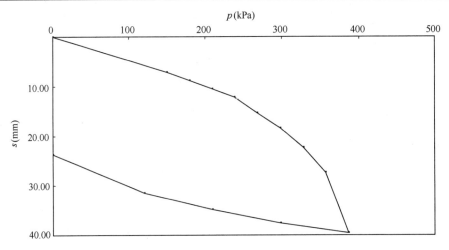

⑪ 试验号：ZHSY11（夯前-浸水）

加载-荷载 p（kPa）	120.3	149.9	179.5	209.1	238.7	268.2	297.8	327.4	357.0
累计沉降量 s（mm）	5.92	7.63	9.15	10.82	13.14	16.64	20.53	26.05	37.96
各级沉降量 s（mm）	5.92	1.71	1.52	1.67	2.32	3.50	3.89	5.52	11.91
变形模量（MPa）	—	11.4	11.4	11.3	—	—	—	—	—
卸载-荷载 p（kPa）	297.8	209.1	120.3	0	—	—	—	—	—
累计沉降量 s（mm）	36.39	33.91	30.13	22.74	—	—	—	—	—
各级沉降量 s（mm）	−1.57	−2.48	−3.78	−7.39	—	—	—	—	—

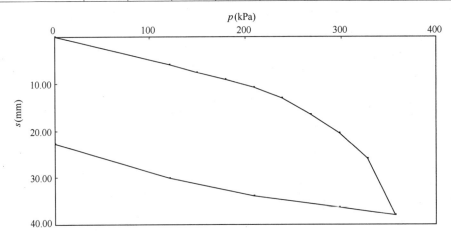

（2）地基土静载荷试验成果分析

强夯专项试验区静载荷试验数据整理如表 1.5-1～表 1.5-4 所示。

静载荷试验成果表（夯前-普通） 表 1.5-1

试点编号	比例界限 （kPa）	变形模量 （MPa）	终止荷载 （kPa）	极限荷载 （kPa）	承载力特征值 （kPa）
ZHSY4	386.6	15.1	623.3	564.1	282.0k
ZHSY5	386.6	13.5	623.3	564.1	282.0k
ZHSY6	445.8	15.9	623.3	564.1	282.0k

由表 1.5-1 可知，3 个试点实测值的极差小于平均值的 30%，夯前普通土体极限荷载标准值为 564.1kPa，承载力特征值为 282.0kPa。

静载荷试验成果表（夯前-浸水） 表 1.5-2

试点编号	比例界限 （kPa）	变形模量 （MPa）	终止荷载 （kPa）	极限荷载 （kPa）	承载力特征值 （kPa）
ZHSY10	238.7	11.4	386.6	357.0	178.5
ZHSY11	209.1	11.3	357.0	327.4	163.7

注：由于受现场条件的限制，浸水是在有限深度、有限注水量的条件下进行的。

由表 1.5-2 可知，夯前饱和土体为 2 个试验点，参加统计的试验点小于 3 点，极限荷载标准值建议取 342.2kPa，承载力特征值建议取 171.1kPa。

静载荷试验成果表（夯后-普通） 表 1.5-3

试点 编号	比例界限 （kPa）	变形模量 （MPa）	终止荷载 （kPa）	极限荷载 （kPa）	承载力特征值 （kPa）
ZHSY1	504.9	26.0	1007.9	919.1	459.5
ZHSY2	564.1	20.4	860.0	800.8	400.4
ZHSY3	682.4	36.0	1155.8	1100.2	550.1

由表 1.5-3 可知，3 个试验点实测值的极差超过平均值的 30%，差异较大，建议设计按低取值，这点也反映出填土不均匀性的特征。夯后土体极限荷载标准值建议取 800.8kPa，承载力特征值建议取 400.4kPa。

静载荷试验成果表（夯后-浸水） 表 1.5-4

试点编号	比例界限 （kPa）	变形模量 （MPa）	终止荷载 （kPa）	极限荷载 （kPa）	承载力特征值 （kPa）
ZHSY7	445.8	16.1	623.3	564.1	282.05
ZHSY8	386.6	13.7	623.3	564.1	282.05
ZHSY9	504.9	17.2	741.6	682.4	341.20

注：由于受现场条件的限制，浸水是在有限深度、有限注水量的条件下进行的。

由表 1.5-4 可知，3 个试验点实测值的极差小于平均值的 30%，夯后饱和土体极限荷载标准值为 603.5kPa，承载力特征值建议取 301.7kPa。

4. 试验成果汇总

根据上述分析将地基土静载试验成果汇总如表 1.5-5 所示。

表 1.5-5

静载荷试验成果汇总表

试验条件	极限荷载（kPa）	承载力特征值（kPa）	变形模量（MPa）
夯前-普通	564.1	282.0	14.8
夯前-浸水	342.2*	171.1*	11.3*
夯后-普通	800.8*	400.4*	20.4*
夯后-浸水	603.5	301.7	15.6

注："＊"为建议取值。

试验结果反映出填土的大孔隙性、不均匀性使得其表观强度较大、变形模量小。综合各种因素，本场地经强夯处理后承载力特征值建议取 200kPa，变形模量取 15.0MPa。

1.5.2 强夯前后面波测试

1. 方法与原理

通过测试填土内面波（瑞利波）波速，评价强夯加固效果及其原理简述如下：

面波测试法主要利用弹性波速与土体性质相关的特性，通过测试不同深度 R 波波速评价地基土性质。检测过程如图 1.5-3、图 1.5-4 所示。

图 1.5-3　强夯前面波测试　　　　图 1.5-4　强夯后面波测试

2. 面波检测实施过程

本次面波测试共涉及两个试验区，其中第一试验区为强夯与试桩结合的试验区域，填土深度为 30m 左右；第二试验区为填土厚度较小的强夯试验区，填土深度为 10m 左右。两个试验区均对强夯效果进行评价。

瑞利波法采用 CSB24 型地震仪及配套电缆和检波器进行野外数据采集。两个试验区各完成瑞利波测点 18 个，所有面波检测点均采用 2.0m 的道间距，2.0m 的偏移距，采样点数为 1024 点，采样时间间隔为 0.2ms，采用大锤锤击垫板，单边激发。在现场测试过程中，为了消除干扰信号的影响，在进行数据采集时，距离测点较近的一切工作暂停；同时现场测试时采用 3 次以上进行信号叠加，以消除随机干扰信号的影响。

3. 面波试验成果分析

瑞利波勘察数据处理是从野外采集的多道地震数据，依次进行坏道剔除、滤波、频谱分析、能量分析、层位分析、提取频散曲线，最终得到各检测点的瑞利波波速。

经过对现场试验数据及分析处理，得到第一试验区的面波检测成果如下。

第一试验区强夯前后共进行瑞利波波速检测18组（夯前9组，夯后9组），根据表1.5-6、表1.5-7和图1.5-5，可知夯后瑞利波波速较夯前瑞利波波速略有提高，各深度强夯后瑞利波波速提高情况见表1.5-8。

第一试验区夯前瑞利波波速统计表　　　　　　　　　　　　表1.5-6

点号	各段深度范围内瑞利波波速（m/s）			
	0～1m	1～4m	4～8m	8～10m
1	140	162	176	205
2	135	166	186	209
3	130	163	193	204
4	139	172	195	212
5	144	170	193	207
6	152	175	189	202
7	156	179	196	210
8	162	176	187	203
9	160	172	188	211
平均值	146	170	189	207

第一试验区夯后瑞利波波速统计表　　　　　　　　　　　　表1.5-7

点号	各段深度范围内瑞利波波速（m/s）			
	0～1m	1～4m	4～8m	8～10m
1′	178	227	218	216
2′	188	232	217	215
3′	201	248	223	220
4′	191	254	229	222
5′	181	242	218	220
6′	188	246	214	212
7′	189	251	235	222
8′	188	258	230	216
9′	192	244	231	220
平均值	188	244	223	218

第一试验区强夯前后瑞利波波速对比表　　　　　　　　　　表1.5-8

项目 深度（m）	强夯前波速 （m/s）	强夯后波速 （m/s）	夯后波速提高值 （m/s）	夯后波速提高率 （%）
0～1	146	188	42	28.8
1～4	170	244	74	43.5
4～8	189	223	34	18.0
8～10	207	218	11	5.3
备注	各深度波速均按照平均值进行比较			

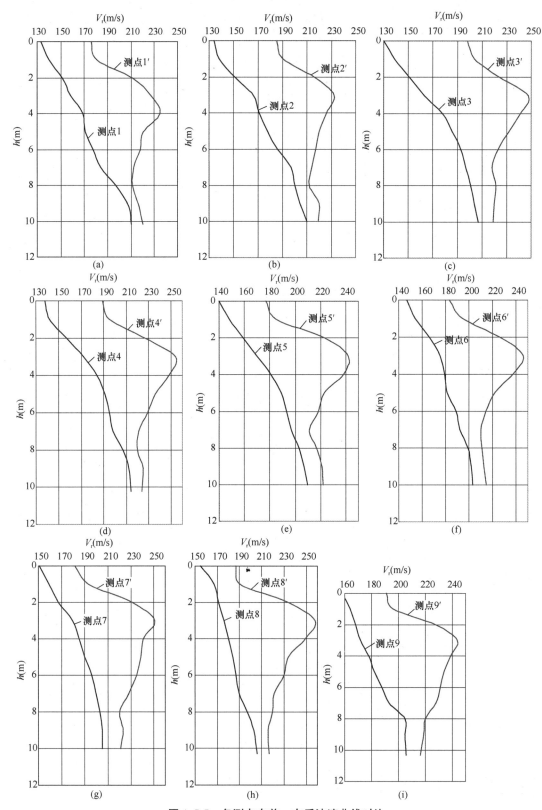

图 1.5-5　各测点夯前、夯后波速曲线对比

1.5.3 超重型动力触探 N_{120} 测试

本试验对强夯后、强夯＋注浆后填土地基采用圆锥动力触探进行原位测试，以便检验地基土加固效果及强夯处理影响深度。由于本试验场地表层为碎石、块石回填土，重型动力触探 $N_{63.5}$ 贯入较为困难，故采用超重型动力触探 N_{120} 进行检测。

1. 试验原理

圆锥动力触探试验（DPT）是利用一定的锤击能，将一定规格的圆锥探头打入土中，然后依据贯入击数或贯入阻力判别土层变化，确定土的工程性质，对地基土做出岩土工程评价的原位测试方法之一。

超重型动力触探是采用 120kg 重锤、以 1m 高自动落锤，将标准规格的圆锥形探头贯入土中，记录贯入 10cm 的击数 N_{120}。通过分析不同深度超重型动力触探击数，可以对填土的密实程度进行评价。

图 1.5-6　超重型动力触探试验　　　　图 1.5-7　超重型动力触探试验

2. 检测过程

超重型动力触探试验在本次两个试验区内分别进行，两个试验区共完成 3 组计 15 个点的超重型动力触探 N_{120} 试验，在第一试验区（即综合试桩区）完成两组，动探深度 15m，其中一组在注浆区，一组在非注浆区；在第二试验区，即专门的强夯试验区（填土深度约 10m）内进行一组 5 个孔的连续动探试验，动探检测深度 10m，试验在强夯完成后的填土内进行。

3. 试验成果分析

通过对本次两个试验区三组超重型动力触探 N_{120} 数据的比较分析(图 1.5-8～图 1.5-10)，可对不同厚度填土的强夯加固效果、强夯的影响深度及注浆对地基处理的效果进行直观定性分析。

（1）强夯对不同厚度填土的加固效果

由于强夯能量在土层内向下传递会逐步衰减，对不同厚度的填土加固效果存在一定的差异，反映在超重型动力触探 N_{120} 试验曲线上则表现为明显的分段性。按照动探 N_{120}-h 曲线，可将强夯对填土的影响按深度判别细分为主要影响段和次要影响段两个主要阶段，其中主要影响段又可细分为显著影响段和次显著影响段。

对第一试验区（填土厚度约为 30m），深度为 0～11m 填土范围内 N_{120} 击数均在 5 击以上，为强夯的主要影响段，深度超过 11m 的填土内 N_{120} 平均击数约为 3 击，为强夯次

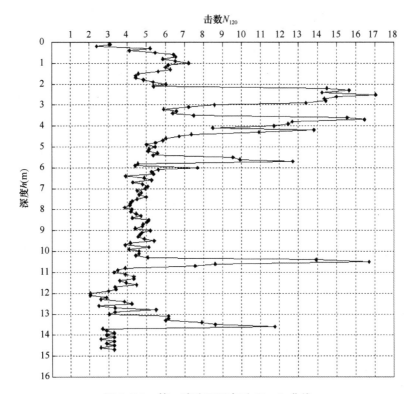

图 1.5-8　第一试验区强夯后 N_{120}-h 曲线

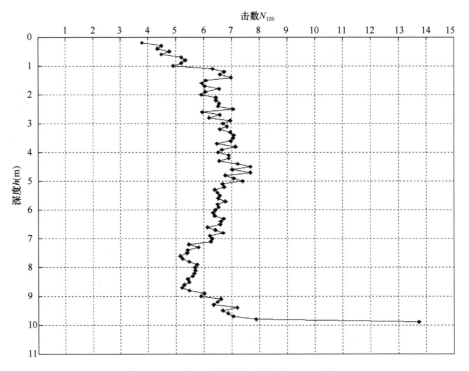

图 1.5-9　第二试验区强夯后 N_{120}-h 曲线

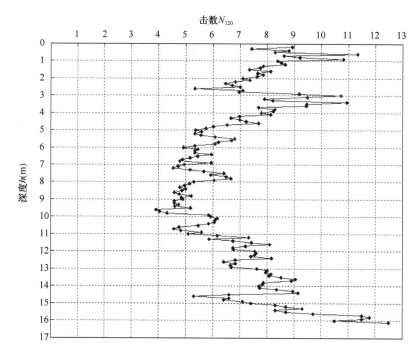

图 1.5-10　第二试验区强夯十注浆后 N_{120}-h 曲线

要影响段。在主要影响段内，深度 0～6m 填土范围内 N_{120} 平均击数约为 7 击，为显著影响段，深度 6～11m 的填土内 N_{120} 平均击数约为 5 击，为次显著影响段。

对第二试验区（填土厚度约为 10m，下部为基岩面），深度 0～10m 范围内填土 N_{120} 击数均在 5 击以上，属于强夯主要影响段。在本区深度为 10m 的填土内，0～8m 段 N_{120} 平均击数约为 7 击，属于强夯显著影响段，8～10m 填土内 N_{120} 平均击数约为 5 击，属于强夯次显著影响段。

对比两个试验区内强夯后的动力触探数据，可以发现强夯的显著影响段在第一试验区内为 6m，在第二试验区内为 8m，说明强夯对有限厚度填土（强夯影响深度下卧层为硬层）加固效果更好，而在无限厚度填土（强夯影响深度以下仍为松散填土层）内强夯能量的消散速度要更快。

（2）强夯的影响深度

强夯的主要影响段可视为强夯影响深度，对第一试验区，强夯影响深度为 11m，对第二试验区，强夯影响深度为 10m（受基岩面限制）。

（3）注浆对填土性质的改善情况

在第一试验区内进行的两组超重型动力触探均在强夯土层内，但其中一组填土进行了注浆处理，另一组填土未进行注浆处理。比较两组动探 N_{120} 数据及动探 N_{120}-h 曲线，注浆后填土内的 N_{120} 击数有较明显的提高，增加程度为 1～3 击，在 10m 深度以下 N_{120} 增加程度为 2～6 击。

重型动力触探试验结果的差异说明，注浆对增加填土密实程度及填土骨架凝结强度、提高地基承载能力及消除土体湿陷性均有较显著的作用。

1.6　灌注桩静载荷试验结果分析

灌注桩静载荷试验（图 1.6-1～图 1.6-4）的主要目的是为测试分析在深厚回填土地质条件下，经高能量强夯预处理后单桩的承载能力及变形特征、桩身荷载的传递规律、桩侧摩阻力的发挥及传递规律、桩侧填土注浆注水对单桩承载力及沉降的影响等；试验成果主要包括不注浆不注水、不注浆注水、注浆不注水、注浆注水四种不同工况下的单桩静载荷试验、桩身轴力、桩身应变数据，以下分别介绍各项测试成果及相关分析。

图 1.6-1　锚桩焊接安装图

图 1.6-2　锚桩与钢梁连接图

图 1.6-3　单桩静载试验钢梁架设图

图 1.6-4　静载试验钢梁搭设图

1.6.1　单桩静载荷试验数据结果及分析

对各试验桩单桩静载荷试验成果进行汇总，绘制了 Q-s 曲线及 s-$\lg t$ 曲线，并对相关结果进行了对比分析。

1. 桩周土注浆区单桩静载试验

首先对强夯后的桩周土（填土厚度按 30m 考虑）注入水泥浆进行固化处理（图 1.6-5、图 1.6-6），注浆完成后再进行桩基础的施工，注浆材料为 P.S.A42.5 矿渣硅酸盐水泥，其他要求见试桩方案。

由于进行了注浆处理，桩周填土性质得到改善，灌注桩承载力提高，沉降减小，静载试验具体结果见表 1.6-1～表 1.6-3，同时根据实测数据绘制了荷载-沉降（Q-s）曲线及沉降-时间（s-$\lg t$）曲线（图 1.6-7～图 1.6-12）。

图 1.6-5　注浆孔施工现场图

图 1.6-6　注浆施工现场图

ZH1 试桩单桩静载荷试验汇总表　　　　　　　　表 1.6-1

序号	荷载 (kN)	历时 （min）		沉降 （mm）		备注
		本级	累计	本级	累计	
0	0	0	0	0	0	加荷段
1	2900	120	120	0.90	0.90	
2	4350	120	240	0.53	1.43	
3	5800	120	360	0.55	1.98	
4	7250	120	480	0.46	2.44	
5	8700	120	600	0.47	2.91	
6	10150	120	720	0.58	3.49	
7	11600	120	840	0.72	4.21	
8	13050	120	960	0.61	4.82	
9	14500	120	1080	0.97	5.79	
10	12100	60	1140	−0.25	5.54	卸荷段
11	9700	60	1200	−0.45	5.09	
12	7250	420	1620	−1.24	3.85	注水恒载段

最大沉降量：5.79mm　最大回弹量：1.94mm　回弹率：33.5%

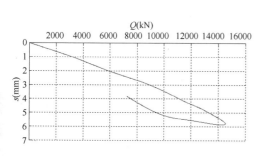

图 1.6-7　ZH1 试桩 $Q\text{-}s$ 曲线

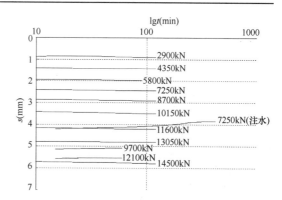

图 1.6-8　ZH1 试桩 $s\text{-lg}t$ 曲线

27

ZH2 试桩单桩静载荷试验汇总表　　　　　　　　　表 1.6-2

序号	荷载 (kN)	历时（min）		沉降（mm）		备注
		本级	累计	本级	累计	
0	0	0	0	0	0	
1	2900	120	120	0.79	0.79	
2	4350	120	240	0.33	1.12	
3	5800	120	360	0.37	1.49	
4	7250	120	480	0.44	1.93	加荷段
5	8700	120	600	0.35	2.28	
6	10150	120	720	0.51	2.79	
7	11600	120	840	0.43	3.22	
8	13050	120	960	0.60	3.82	
9	14500	120	1080	0.69	4.51	
10	12100	60	1140	−0.11	4.40	卸荷段
11	9700	60	1200	−0.23	4.17	
12	7250	420	1620	−0.90	3.27	注水恒载段

最大沉降量：4.51mm　最大回弹量：1.24mm　回弹率：27.5%

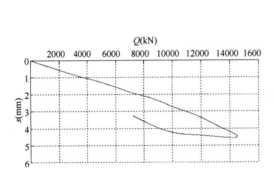

图 1.6-9　ZH2 试桩 *Q-s* 曲线

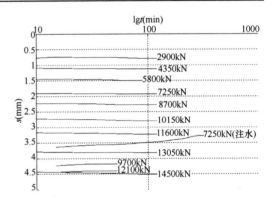

图 1.6-10　ZH2 试桩 *s-*lg*t* 曲线

ZH3 试桩单桩静载荷试验汇总表　　　　　　　　　表 1.6-3

序号	荷载 (kN)	历时（min）		沉降（mm）		备注
		本级	累计	本级	累计	
0	0	0	0	0	0	
1	2900	120	120	0.97	0.97	
2	4350	120	240	0.53	1.50	
3	5800	120	360	0.42	1.92	
4	7250	120	480	0.45	2.37	
5	8700	120	600	0.50	2.87	加荷段
6	10150	120	720	0.83	3.70	
7	11600	120	840	0.58	4.28	
8	13050	120	960	0.77	5.05	
9	14500	120	1080	1.00	6.05	

续表

序号	荷载 (kN)	历时（min）		沉降（mm）		备注
		本级	累计	本级	累计	
10	12100	60	1140	0	6.05	卸荷段
11	9700	60	1200	−0.56	5.49	
12	7250	420	1620	−1.23	4.26	注水恒载段

最大沉降量：6.05mm 最大回弹量：1.79mm 回弹率：29.6%

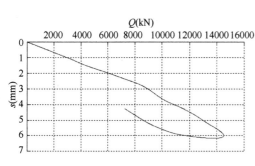

图 1.6-11　ZH3 试桩 Q-s 曲线

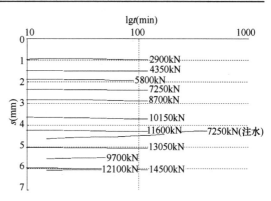

图 1.6-12　ZH3 试桩 s-lg$t$ 曲线

2. 桩周土未注浆区单桩静载试验结果

对桩周土未注浆区域，强夯后即进行灌注桩施工，桩周土上部约10m为强夯处理后的填土，下部约20m为原始回填土。桩周土未注浆区单桩静载荷试验成果如表1.6-4～表1.6-6及图1.6-13～图1.6-18所示。

ZH4 试桩单桩静载荷试验汇总表　　　　　　　　　　表 1.6-4

序号	荷载 (kN)	历时（min）		沉降（mm）		备注
		本级	累计	本级	累计	
0	0	0	0	0	0	
1	2400	120	120	0.56	0.56	
2	3600	120	240	0.95	1.51	
3	4800	120	360	0.94	2.45	
4	6000	120	480	1.02	3.47	
5	7200	120	600	0.81	4.28	加荷段
6	8400	120	720	0.86	5.14	
7	9600	120	840	1.01	6.15	
8	10800	120	960	1.3	7.45	
9	12000	120	1080	1.07	8.52	
10	10000	60	1140	−0.77	7.75	卸荷段
11	8000	60	1200	−0.83	6.92	
12	6000	420	1620	−1.8	5.12	注水恒载段

最大沉降量：8.52mm 最大回弹量：3.40mm 回弹率：39.91%

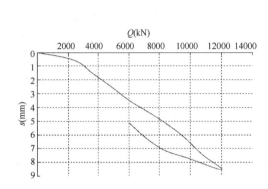

图 1.6-13　ZH4 试桩 Q-s 曲线

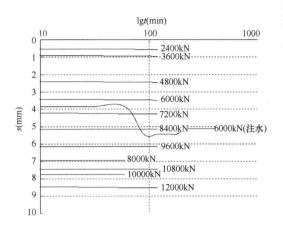

图 1.6-14　ZH4 试桩 s-lg$t$ 曲线

ZH5 试桩单桩静载荷试验汇总表　　　　　　　　　　　　表 1.6-5

序号	荷载（kN）	历时（min）		沉降（mm）		备注
		本级	累计	本级	累计	
0	0	0	0	0	0	加荷段
1	2400	120	120	0.85	0.85	
2	3600	120	240	0.58	1.43	
3	4800	120	360	0.32	1.75	
4	6000	120	480	0.44	2.19	
5	7200	120	600	0.65	2.84	
6	8400	120	720	0.78	3.62	
7	9600	120	840	0.8	4.42	
8	10800	120	960	0.82	5.24	
9	12000	120	1080	1.19	6.43	
10	10000	60	1140	−0.14	6.29	卸荷段
11	8000	60	1200	−0.56	5.73	
12	6000	420	1620	−1.36	4.37	注水恒载段
最大沉降量：6.43mm　最大回弹量：2.06mm　回弹率：32.04%						

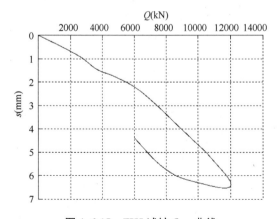

图 1.6-15　ZH5 试桩 Q-s 曲线

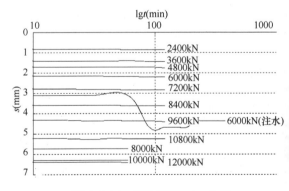

图 1.6-16　ZH5 试桩 s-lg$t$ 曲线

ZH6 试桩单桩静载荷试验汇总表　　　　　表 1.6-6

序号	荷载（kN）	历时（min）		沉降（mm）		备注
		本级	累计	本级	累计	
0	0	0	0	0	0	
1	2400	120	120	0.37	0.37	
2	3600	120	240	0.46	0.83	
3	4800	120	360	0.68	1.51	
4	6000	120	480	0.54	2.05	
5	7200	120	600	0.63	2.68	加荷段
6	8400	120	720	0.74	3.42	
7	9600	120	840	0.73	4.15	
8	10800	120	960	0.85	5	
9	12000	120	1080	1.11	6.11	
10	10000	60	1140	−0.21	5.9	卸荷段
11	8000	60	1200	−0.72	5.18	
12	6000	420	1620	−1.32	3.86	注水恒载段

最大沉降量：6.11mm　最大回弹量：2.25mm　回弹率：36.82%

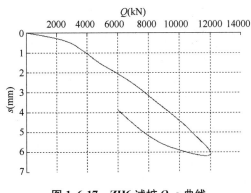

图 1.6-17　ZH6 试桩 Q-s 曲线

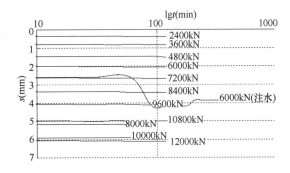

图 1.6-18　ZH6 试桩 s-lgt 曲线

3. 单桩静载荷试验数据分析

针对桩周土注浆和未注浆区单桩静载荷试验结果，综合分析如下。

（1）单桩竖向承载力

由各试桩静载荷试验 Q-s 曲线及 s-lgt 曲线可知，两种不同工况下的试桩单桩竖向承载力如表 1.6-7 所示。需要特别说明的是，由于受锚桩抗拔力的限制，各试验桩最大加载均未能达到极限破坏值。

试桩单桩竖向承载力统计 表1.6-7

试桩编号	试桩参数	工况	单桩竖向承载力最大值 Q_{max}（kN）	对应 Q_{max} 时的桩顶沉降（mm）	备注
ZH4、ZH5、ZH6	桩径 1.2m，桩长34m，入岩4.0m	桩周土未注浆	不小于12000	6.11~8.52	各 Q-s 曲线均仍位于直线变形段
ZH1、ZH2、ZH3	桩径 1.2m，桩长34m，入岩4.0m	桩周土注浆	不小于14500	4.51~6.05	

（2）桩周土注浆影响分析

① 对桩身变形的影响

桩周土注浆与否对桩身变形的影响主要体现在两个方面，一是总变形量的差异，二是同等（或近似）荷载下的变形量差异，具体情况如表1.6-8所示。

桩间土注浆与否对桩身沉降影响统计 表1.6-8

序号	工况	桩号	桩顶最大沉降（mm）		相同试验荷载下沉降（mm）		试验完成最终沉降（mm）	
1	桩周场地土未注浆	ZH4	8.52	平均7.02	8.52	平均7.02	5.12	4.45
		ZH5	6.43		6.43		4.37	
		ZH6	6.11		6.11		3.86	
2	桩周场地土注浆	ZH1	5.79	平均5.45	4.38	平均4.09	3.85	3.79
		ZH2	4.51		3.39		3.27	
		ZH3	6.05		4.49		4.26	

注：1. 最大变形对应最大荷载，桩周土未注浆时为12000kN，桩周土注浆时为14500kN；

2. 同等试验荷载指桩顶加载为12000kN时的桩身沉降；

3. 最终变形指试验终止时的沉降量。

从上表对比可知，桩周土注浆后在最大试验载荷作用下桩身压缩量明显降低，降低幅度约为22%；在相同荷载（12000kN）作用下，注浆后桩身压缩量的降低幅度超过40%。

② 注水对桩身变形的影响

对比桩周土注浆与桩周土未注浆工况下单桩静载荷试验的 s-$\lg t$ 曲线可以发现，在桩顶恒荷载作用下桩周土注水，二者桩顶变形的时程曲线存在较显著的差异：

对桩周土未注浆区域，恒荷载6000kN作用下注水后桩顶沉降变形 s-$\lg t$ 时程曲线特征为"沉降增大→缓慢回弹→稳定"；而桩周土注浆区域，恒荷载7250kN作用下注水后桩顶沉降变形时程曲线 s-$\lg t$ 曲线为"缓慢回弹→稳定"。桩顶沉降变形过程的差异反映二者对浸水工况的适应能力和平衡调整能力，注浆后桩间土即使受到水的浸泡仍然能保持原有的回弹路径，说明桩周土注浆后湿陷性消除。

桩周土注浆对桩侧负摩阻力的消减作用根据下面的相关数据作进一步分析研究。

1.6.2 桩身轴力测试数据分析

1. 桩身钢筋应力实测数据汇总

本试验 6 根试桩的桩身主筋上预设钢筋应力计，应力计规格根据桩身主筋直径 25mm 确定，用于测试加载、卸载及注水恒载过程中钢筋应力的变化。钢筋应力计埋设间距为自桩顶沿桩身向下每隔 5m 为一个量测断面。每根试验桩共设置了 6 个量测断面，每测试断面埋设 3 个应力计（呈 120°中心夹角均匀布置），每个灌注桩合计埋设 18 个钢筋应力计，6 根桩共计 108 个应力计。

钢筋应力计实测数据绘制成 ZH1 至 ZH6 钢筋应力实测数据统计表（详细数据略）。根据各截面桩身应力可以进一步计算桩身轴力、桩侧阻力、桩端阻力。

2. 桩侧摩阻力计算

（1）灌注桩桩身钢筋应力测试

本试验测试及计算原理：通过测试桩身钢筋应力，计算桩身各截面轴力及桩身各段侧摩阻力。

钢筋应力的测试采用振弦式钢筋应力计。其规格与主筋相同，钢筋应力计通过直螺纹套筒连接在主筋上，钢筋应力计按量测断面设置，量测断面自桩顶沿桩身向下每隔 5m 一个量测断面，每根试验桩共设置了 6 个量测断面，每个测试断面埋设 3 个应力计（呈 120°中心夹角均匀布置），合计每根灌注桩埋设 18 个钢筋应力计。连接在应力计的电缆用柔性材料作防水绝缘保护，绑扎在钢筋笼上引至地面，所有的应力计均用明显的标记编号，并加以保护。钢筋应力计与钢筋的连接如图 1.6-19 所示。

图 1.6-19 钢筋应力计安装图

在静载荷试验加载以前，先用应力检测仪量测各钢筋应力计的初始频率 f_0，静载荷试验每级加载达到相对稳定后，量测各钢筋应力计的频率值 f_i，钢筋应力 F（kN）的计算公式如下：

$$F = K \cdot (f_i^2 - f_0^2) \qquad (1.6\text{-}1)$$

其中，K 为各应力计出厂标定系数。

（2）桩身轴力及侧摩阻力计算原理

基本假设：全桩长钢筋与混凝土紧密接触保证变形协调，钢筋与混凝土之间无相对位移；桩身变形均处于弹性阶段，满足胡克定律；混凝土及钢筋各自弹性模量全桩长不变为一常数。

1）利用实测钢筋应力计算桩身轴力的原理及公式

设钢筋应变为 ε_s，弹性模量为 E_s，应力为 σ_s；混凝土应变为 ε_c，弹性模量为 E_c，应力为 σ_c，由 $\varepsilon_c = \varepsilon_s$，则

$$\frac{\sigma_{\mathrm{s}}}{E_{\mathrm{s}}} = \frac{\sigma_{\mathrm{c}}}{E_{\mathrm{c}}} \tag{1.6-2}$$

得

$$\sigma_{\mathrm{c}} = \frac{\sigma_{\mathrm{s}}}{E_{\mathrm{s}}} \cdot E_{\mathrm{c}} \tag{1.6-3}$$

其中 E_{c}、E_{s} 分别为 C40 混凝土及 HRB400 级钢筋的弹性模量规范取值，计算 σ_{c} 后，即可根据相关数据求得截面桩身轴力。

2）桩侧摩阻力 q_{si} 的求解原理及公式

取桩身一段单元体 d_i，对第 i 段受力平衡分析（图 1.6-20），设 N_i、N_{i-1} 为对应桩截面轴力，根据第 i 段桩的竖向受力平衡有：

$$N_{i-1} = N_i + q_{si} U l \tag{1.6-4}$$

则

$$q_{si} = \frac{1}{Ul}(N_{i-1} - N_i) \tag{1.6-5}$$

又因：

$$N_i = \sigma_{\mathrm{c}} A_{\mathrm{c}} + \sigma_{\mathrm{s}} A_{\mathrm{s}} = \sigma_{\mathrm{s}} A_{\mathrm{s}} + \frac{\sigma_{\mathrm{s}}}{E_{\mathrm{s}}} E_{\mathrm{c}} \cdot A_{\mathrm{c}} \tag{1.6-6}$$

由以上可得：

$$q_{si} = \frac{1}{Ul}\left[N_{i-1} - \left(\sigma_{\mathrm{s}} \cdot A_{\mathrm{s}} + \frac{\sigma_{\mathrm{s}} E_{\mathrm{c}}}{E_{\mathrm{s}}} \cdot A_{\mathrm{c}} \right) \right] \tag{1.6-7}$$

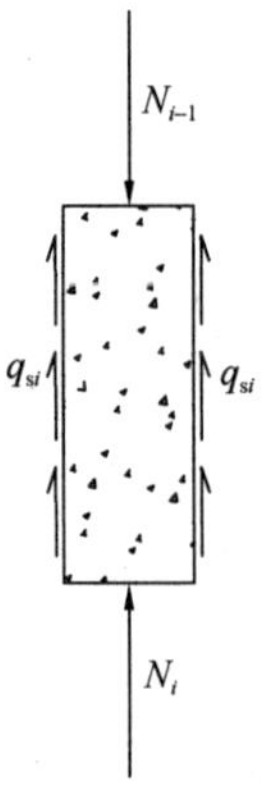

式中：q_{si}——桩侧摩阻力；

l——测试段桩长（m）；

U——桩截面周长（m）；

N_i——第 i 段向上轴向压力（kN）；

σ_{s}、σ_{c}——主筋轴向应力、混凝土应力（kPa）；

E_{c}、E_{s}——混凝土、钢筋弹性模量（MPa）；

A_{c}、A_{s}——同截面混凝土截面积、钢筋截面积（m²）。

图 1.6-20　桩身单元计算图

由于本试验为大直径桩，计算推理过程中要考虑桩自身的重量，由公式（1.6-7）可推出：

$$q_{si} = \frac{1}{Ul}\left(N_{i-1} + \frac{\pi \times D \times D}{4} \times \rho_{\mathrm{c}} \times l \times g/1000 - N_i \right)$$

式中：D——桩直径（m）；

ρ_{c}——钢筋混凝土的重度（kN/m³）。

（3）桩顶加荷全过程桩身受力特征分布曲线

灌注桩在桩顶垂直荷载作用下，荷载通过桩身向桩端传递，随着桩顶荷载的递增（加载）、桩顶荷载递减（卸载）、桩顶恒定荷载的不同作用阶段下桩身应力的传递规律因桩周土不同的处理方法而呈现出不同的分布特征。场地经地面高能量强夯后 ZH1、ZH2、ZH3 桩周深部土进行分层注浆处理，ZH4、ZH5、ZH6 桩周深部土不进行注浆处理。试验结果表明在注水工况下桩身应力的传递在时程曲线上呈现明显的差异。将实测的 6 根试验桩桩身钢筋应力经过上述原理计算后分别绘制不同加荷阶段的桩身轴力、桩身侧摩阻力、桩身荷载分担比随桩顶荷载变化的分布曲线（图 1.6-21～图 1.6-27）。

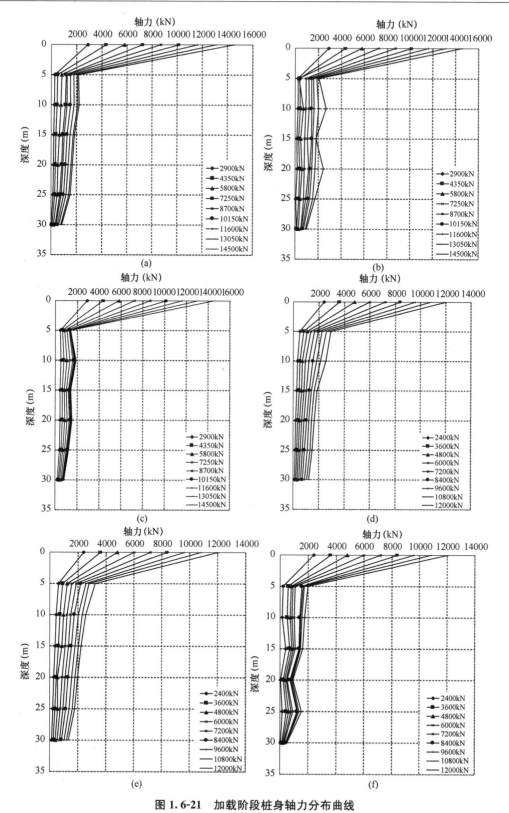

图 1.6-21 加载阶段桩身轴力分布曲线

(a) ZH1；(b) ZH2；(c) ZH3；(d) ZH4；(e) ZH5；(f) ZH6

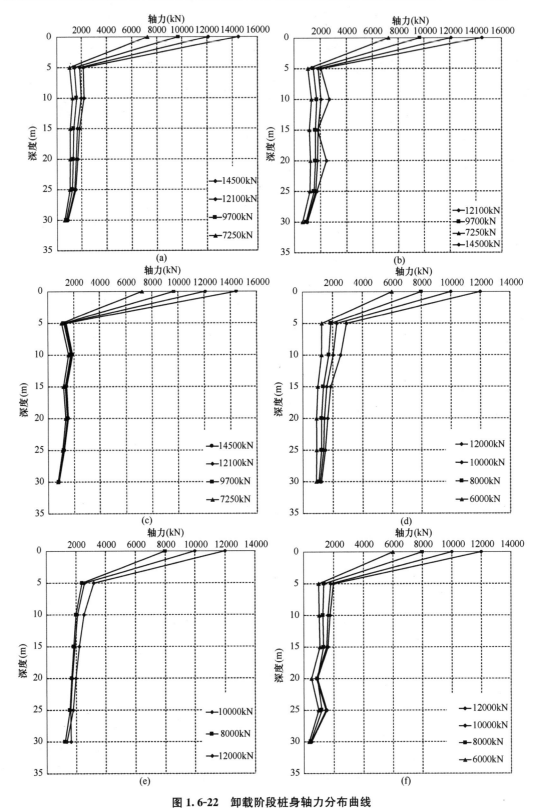

图 1.6-22　卸载阶段桩身轴力分布曲线

（a）ZH1；（b）ZH2；（c）ZH3；（d）ZH4；（e）ZH5；（f）ZH6

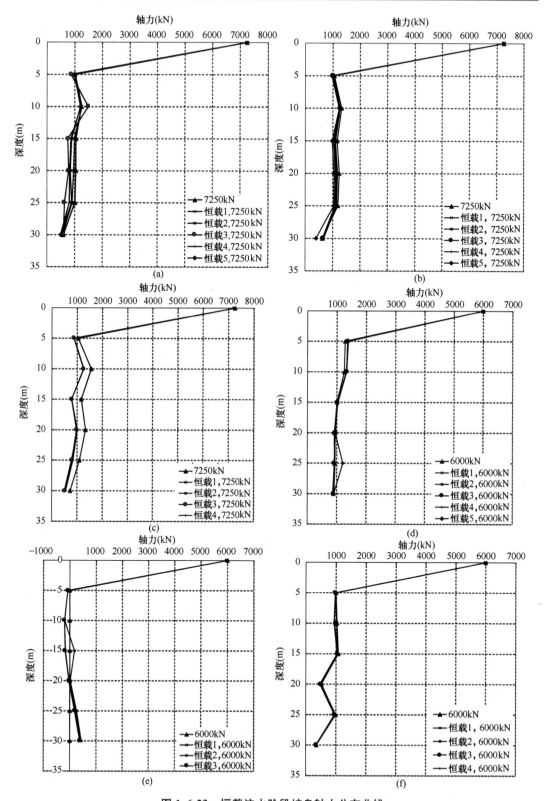

图 1.6-23 恒载注水阶段桩身轴力分布曲线

(a) ZH1；(b) ZH2；(c) ZH3；(d) ZH4；(e) ZH5；(f) ZH6

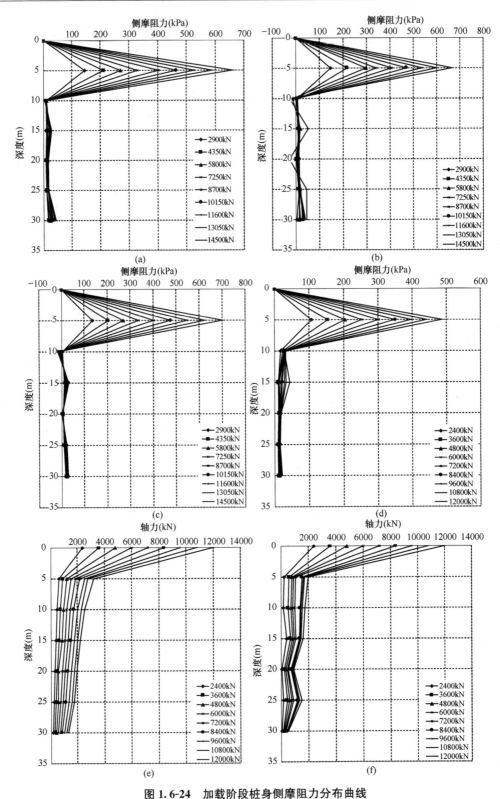

图 1.6-24　加载阶段桩身侧摩阻力分布曲线

(a) ZH1；(b) ZH2；(c) ZH3；(d) ZH4；(e) ZH5；(f) ZH6

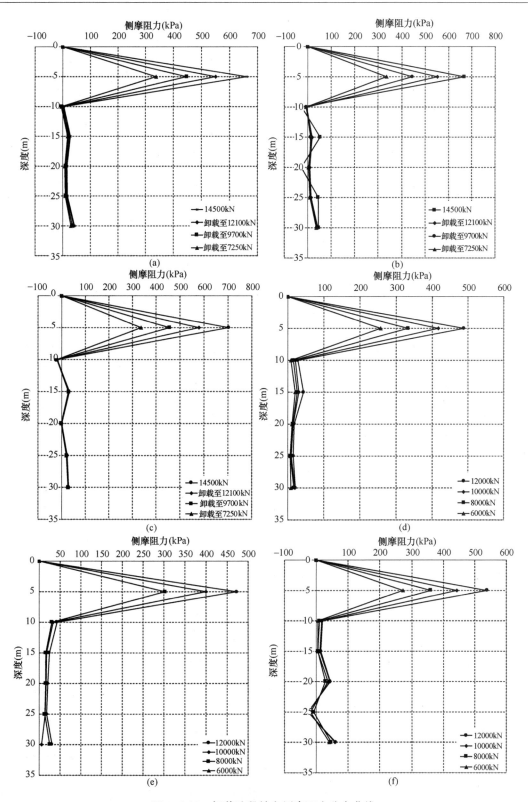

图 1.6-25 卸载阶段桩身侧摩阻力分布曲线

(a) ZH1；(b) ZH2；(c) ZH3；(d) ZH4；(e) ZH5；(f) ZH6

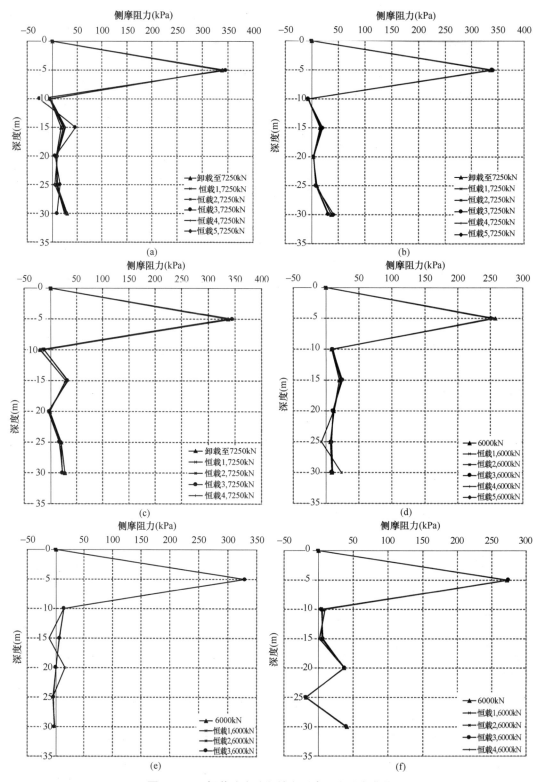

图 1.6-26　恒载注水阶段桩身侧摩阻力分布曲线

（a）ZH1；（b）ZH2；（c）ZH3；（d）ZH4；（e）ZH5；（f）ZH6

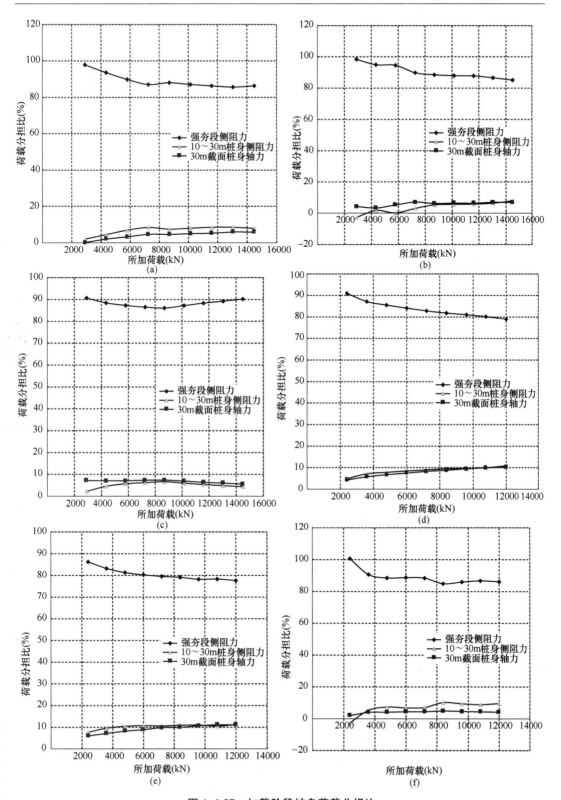

图 1.6-27　加载阶段桩身荷载分担比

（a）ZH1；（b）ZH2；（c）ZH3；（d）ZH4；（e）ZH5；（f）ZH6

3. 桩身轴力传递特征

桩身轴力-桩顶荷载随深度变化关系曲线如图1.6-21~图1.6-23所示,在四种工况条件下,桩身轴力传递呈现出一致规律,即随桩顶荷载增加,桩身轴力随深度分布呈现"上大下小",且桩身0~5m轴力迅速衰减,往下均匀递减。由于本次试验单桩最大加载受锚桩抗拔力的限制,各桩均未加载到极限值,所以在卸载阶段,桩身轴力随深度的变化各断面均能一致降低,桩体呈现良好的线弹性。当桩顶荷载分级卸荷至最大加载一半时,维持恒载并持续注水,桩身轴力随深度的变化规律呈现出0~10m轴力分布基本不变,往下轴力分布因场地注浆和非注浆工况的差别而呈现出分化趋势,但轴力的增减值均很小。

4. 桩侧阻力分布特征

桩身侧摩阻力-桩顶荷载随深度变化曲线如图1.6-24~图1.6-26所示。两组试验在自然含水状态下,桩身侧摩阻力随桩身分布形态呈现出一致规律,且都表现为正摩阻力随着桩顶荷载的增加,桩身各截面侧摩阻力逐步增加,增加幅度最大段为桩顶下0~10m,嵌岩段次之,桩身10~30m增加幅度最小。在桩顶荷载加载到最大值时,桩身0~10m侧摩阻力达到最大值,侧阻力最大峰值高达702.73kPa,平均值为677kPa,远远超出已有经验值,也高于规范给定的最大参考值,而嵌岩段侧摩阻力也远远达不到该值,甚至比规范推荐值还低。这种效应有关资料解释为"嵌岩桩超强效应",正是由于桩端嵌岩,桩端压缩变形小,才使得桩顶侧摩阻力超强发挥。

在桩顶加载到最大值时,不同工况下桩身受力荷载分担比如图1.6-27和表1.6-9所示。

不同工况桩身荷载分担比统计表　　　　　　　　表1.6-9

试验组号	桩身区段 工况	桩身受力分担比例(%)		
		0~10m	10~30m	30m以上
1	桩周土注浆	85.05~97.8 (平均值86.5)	0.18~8.51 (平均值5.43)	0.17~10.07 (平均值6.53)
2	桩周土不注浆	74.98~91.0 (平均值78.5)	2.87~11.28 (平均值6.07)	1.99~16.18 (平均值7.87)
	备注	强夯主要影响段	强夯次要影响段	嵌岩段

由表1.6-9可知,在最大加载情况下,桩身上部0~10m范围内土层分担了大部分荷载,占所加荷载的78.5%~86.5%,桩身中部10~30m深度范围分担的荷载约占所加荷载的5.43%~6.07%,桩端嵌岩段分担的荷载很小,也只有6.53%~7.87%。桩端岩石承载力则远远未能发挥。由此说明顶层高能量强夯使土质改良,填土得到了很好的密实作用,端部嵌岩限制了桩端沉降,使得桩身上部侧摩阻力得以充分发挥,且能使桩身荷载更好地往下传递。

在卸载阶段、恒载阶段桩身侧摩阻力分布形态基本不变。

根据试验结果分析,桩侧阻力的大小与桩侧土、桩端土的性质有关。

5. 桩侧负摩阻力分析

为了研究桩侧负摩阻力,试验采取桩周土分层强制持续高压注水的方法来观测单桩在维持桩顶荷载恒定状态下桩身的受力变化。通过对ZH4、ZH5、ZH6试桩在恒载注水阶段桩身轴力及侧摩阻力的分布情况研究（图 1.6-23e、f，图 1.6-26d、e、f），结合各试桩载荷试验 s-$\lg t$ 曲线的变化规律分析可知，在桩周土注水情况下，强夯主要影响段土层内，未观测到桩侧负摩阻力；强夯次要影响段土层内桩侧存在负摩阻力，由图 1.6-26 可以看出，负摩阻力出现的位置主要集中在桩顶以下 20～30m 范围，负摩阻力最大峰值为 18.7kPa，平均值 6.03kPa。说明强夯加固能够消除填土一定范围内的湿陷性。

通过对试验一组 ZH1、ZH2、ZH3（桩周土注浆）和二组 ZH4、ZH5、ZH6（桩周土不注浆）在恒载注水条件下的桩身轴力、桩侧摩阻力、桩身沉降等结果对比分析可知，采用分层高压喷射注浆对桩侧摩阻力的影响主要体现在以下两个方面：

（1）场地注浆后，桩侧摩阻力均有一定程度提升，比非注浆场地增大幅度约为 8%；

（2）场地注浆后，桩侧负摩阻力基本消除。

6. 单桩承载力试验值推荐计算公式

本次两组试验单桩加载最大值分别为 12000kN 和 14500kN，沉降量分别约为 8mm 和 4mm，均未达到极限值，从单桩 Q-s 曲线形态上来看，各桩均呈现线弹性状态，承载力还具有一定的储备。

经过对桩身轴力、桩侧摩阻力、不同深度桩身截面应力变化规律的分析，可知桩身上部 0～10m 范围内土层分担了大部分荷载，以下桩身土层侧阻力及嵌岩段合力分担很小。强夯影响深度外桩周土在浸水时，桩侧 20～30m 段才可能产生负摩阻力，最大峰值 18.7kPa。因此，为了给结构设计计算单桩承载力提供计算参数，且能与勘察报告有关参数相协调，借鉴有关资料和手册计算思路，提出以《建筑桩基技术规范》JGJ 94—2008 有关大直径嵌岩桩单桩承载力计算公式形式为基础的计算参数，按单桩实际受力特征并引入嵌岩桩桩端承载力综合发挥系数 C。推荐计算公式如下：

$$Q_{uk} = Q_{sk} + C Q_{rk}$$

$$Q_{sk} = u \sum q_{sik} l_i$$

$$Q_{rk} = \delta_r f_{rk} A_p$$

式中：Q_{sk}——总极限侧摩阻力标准值（kPa）；

$\quad\quad Q_{rk}$——嵌岩段总极限阻力标准值（kPa）；

$\quad\quad q_{sik}$——桩周土第 i 层土极限侧阻力建议值（kPa）；

$\quad\quad f_{rk}$——砂岩及泥质砂岩取饱和单轴抗压强度标准值，取报告值 5.4MPa；

$\quad\quad \delta_r$——嵌岩段侧阻和端阻综合系数及成孔条件系数取 1.39×1.2；

$\quad\quad C$——桩嵌岩段承载力综合发挥系数（根据试验数据取为 0.05）。

在桩径 1.2m，嵌岩深度不小于 4m 的情况下，侧摩阻力可按表 1.6-10 取用。

桩侧摩阻力取值表

表 1.6-10

工况	极限侧摩阻力 q_{sik}（kPa）			备注
	强夯主要影响段 l_1（0～10m）	强夯次要影响段 l_2（10～30m）	嵌岩段	
注浆	340	0	100	
不注浆	250	0	100	

桩身各工况负摩阻力计算值取 0。

由此可得：单桩设计极限承载力值分别为 13452kN（桩周土注浆时）和 10059kN（桩周土不注浆时）。单桩承载力特征值可分别取 6726kN（桩周土注浆时）和 5029kN（桩周土不注浆时）。

1.6.3　桩身压缩沉降测试结果分析

由于不同深度桩身受力的不同，在载荷试验过程中，不同深度桩身的变形（沉降量）存在差异，通过测试不同深度桩身沉降的差异，可以反算桩身受力情况，也可以与实测的桩身轴力进行对比。

本试验分别在各桩距离桩顶以下 10m、20m 和 30m 的桩身内埋设沉降板及沉降杆（图 1.6-28、图 1.6-29），每根桩的每个测试断面均匀埋设 3 个沉降测试器件，6 根试验桩共计 54 个测试器件。桩顶部位的沉降采用载荷试验所测得沉降值。在静载荷试验过程中测定注水与不注水两种工况下各级荷载下的沉降量。

图 1.6-28　沉降板安装　　　　　　　　图 1.6-29　沉降杆安装

1. 测试原理分析

本试验桩身各深度截面沉降杆均直接通到地面，能够独立自由变形，从而直接反映沉降杆底部桩身的沉降。载荷试验加载过程中，通过测量不同深度沉降杆在不同时点的高度的变化计算对应部位桩身的沉降。

为保证沉降杆的测试条件，沉降杆与沉降板按如下要求设置：沉降板与沉降杆焊接，沉降板与桩身主筋焊接（假设试验过程中钢筋与混凝土之间无相对位移，二者同步变形），沉降杆外为 ABS 套管，将沉降杆与混凝土隔离，同时在沉降杆上涂抹润滑黄油，保证各沉降杆能够自由沉降。

桩的沉降由桩身变形、桩整体沉降量（桩端刺入，桩端以下土层沉降）两部分组成，桩整体沉降量在桩身各点相等，通过两个不同深度沉降杆实测数据相减，即可得到两深度沉降杆之间桩身的变形。

2. 实测数据及结果分析

由于载荷试验过程中各试桩桩顶总的沉降量均未达到 10mm，深部桩身变形量更小，受测试方法与仪器限制，部分沉降杆未能采集到数据，且已采集的数据离散性较大。

剔除异常数据，实际测试较规律的数据组包括 ZH3、ZH4、ZH5 桩，现根据 ZH4、ZH5 桩相关测试数据绘制了注水前后的桩身沉降-深度曲线（图 1.6-30、图 1.6-31）和桩顶荷载-沉降 Q-s 曲线（图 1.6-32）。由于桩身沉降所测得有效数据较少，仅可做定性分析，作为桩身轴力分析结果的对比验证。

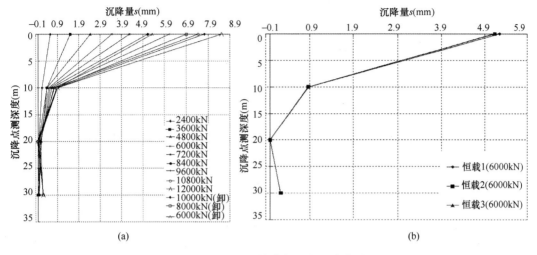

图 1.6-30　ZH4 桩桩身沉降-深度曲线
（a）注水前；（b）注水后

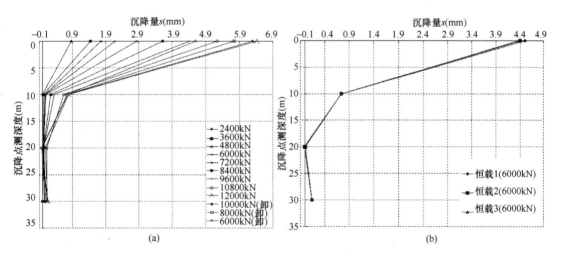

图 1.6-31　ZH5 桩桩身沉降-深度曲线
（a）注水前；（b）注水后

由桩身沉降-深度曲线及 Q-s 曲线等均可以看出，桩身主要沉降发生在桩顶以下 10m 范围内，10m 以下段沉降量较小，在荷载较大时该趋势尤为明显。

从桩身沉降-深度曲线（图 1.6-30、图 1.6-31）上可以看出，桩顶以下 10m 范围内桩长沉降占整个桩顶沉降的比例近 80%，在荷载增大时这一比例更大，在 Q-s 曲线上表现为荷载越大，深度 0m 处的沉降曲线与其他部位沉降曲线的距离越明显。

桩身沉降主要产生在桩顶以下 10m 范围内，说明桩顶荷载主要由 0～10m 段桩身承担，荷载传递至 10m 以下的比例较小。这一测试结果与桩身轴力测试所反映的轴力在桩身的分布情况、桩身荷载分担规律是吻合的。

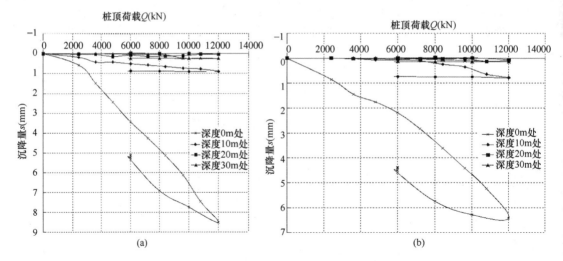

图 1.6-32　桩顶荷载-桩身沉降（Q-s）曲线

(a) ZH4；(b) ZH5

1.7　结论

1.7.1　强夯试验结论

（1）场地素填土为爆破开山回填，填土岩性主要为砂质泥岩，具有大粒径、大孔隙特征，地基处理应优先采用高能量强夯。

（2）根据面波试验及超重型动力触探 N_{120} 试验等多种手段综合分析判定，在强夯能量 10000kN·m 施工参数的情况下，强夯的影响深度为 10m。强夯后 0~10m 土层传波的能力有所改善，波速在 180~240m/s；夯后超重型动力触探 N_{120} 击数有所提高，分布范围为 4~7 击。

（3）强夯处理能量建议不小于 10000kN·m，夯点间距及单点夯击由现场单点夯试验确定。

（4）高能量强夯能有效地消除主要影响范围内填土湿陷性。强夯次要影响范围内填土具有一定的湿陷性。

（5）根据试验结果综合分析本场地填土不经处理不能作为持力层。经高能量强夯处理后地基土的承载力特征值建议取 200kPa，变形模量取 15MPa。

1.7.2　灌注桩试验结论

（1）深厚填土经高能量 10000kN·m 强夯后使桩身上段强夯有效加固深度范围桩侧摩阻力表现出"超强效应"，侧摩阻力极限值可达到 250kPa。

（2）深厚填土经高能量 10000kN·m 强夯后，嵌岩灌注桩具有承载力高，变形小的特点，桩身轴力呈现上段大、下端小的特征。桩身上段 10m 分担了桩顶荷载 78.5%~86.5%，嵌岩段分担了桩顶荷载的 6.53%~7.87%。

（3）桩基础的设计应基于上部回填土经高能量强夯处理后的基础上进行。灌注桩成孔采用干作业旋挖，桩径以不大于 1.2m 为宜。

（4）当桩径为 1.2m，嵌岩深度不小于 4m 时，上部素填土经高能量 10000kN·m 强夯后，桩侧摩阻力可按表 1.7-1 取用。

桩侧摩阻力 q_{sik}（kPa）建议值   表 1.7-1

工 况	不同位置极限侧摩阻力 q_{sik}（kPa）			备注
	强夯主要影响段 l_1（0～10m）	强夯次要影响段 l_2（10～30m）	嵌岩段	
桩周土注浆	340	0	100	
桩周土不注浆	250	0	100	

桩身各工况负摩阻力计算值取 0；单桩承载力计算可按以下公式进行计算：$Q_{uk} = Q_{sk} + CQ_{rk}$，其中 C 为桩嵌岩段承载力综合发挥系数。

（5）强夯加固非影响段桩周土采用水泥注浆，能有效地改良土质，提高单桩承载力，减少沉降量，并能有效消除桩周土的湿陷性。

（6）考虑桩身负摩阻力的影响，桩身配筋应按桩顶设计荷载计算，并通长配筋。

第2章　新近高填方区土质改良及嵌岩桩承载力试验与研究

本章以京东方重庆 B12 半导体显示器件生产线项目为依托，着重介绍了针对新近高填方及大直径嵌岩桩在工程设计与工程施工中所关注的问题而展开的现场原位试验研究。该场地由削山填谷抛填作业而成，填料主要为山体爆破而成的巨粒材料，最大厚度达45m。由于抛填在填筑体中形成了块石堆积夹层，采用分层填筑高能级强夯能否克服块石间的支撑架空影响而将冲击波作用到其下部填筑体，是该工程的土质改良的难点问题；此外，本工程中所采用的桩身穿过填土层，桩端刺入中风化岩的深长大直径嵌岩灌注桩，其承载特性及桩-土-岩体系的荷载传递机制是该工程桩基设计的核心问题。通过改良前后填筑体的动力触探及载荷试验等原位测试手段对强夯处理效果进行了现场探究；通过桩身埋深测试元件，对桩身轴力等进行了量测，进而对嵌岩桩桩土侧摩阻力、桩岩侧摩阻力及桩岩端阻力随桩土桩土相对位移的发挥机制进行了研究总结。在此基础上，对比国标与地标嵌岩桩承载力公式计算值，为该场地各桩型标定了综合发挥系数，提出了优化提高后的单桩承载力特征值。

2.1　概述

2.1.1　工程概况

工程场地位于重庆两江新区水土高新产业园内，西侧为竹溪东路，占地面积约 $672600m^2$。具体位置详见图 2.1-1。

工程主要由厂房、仓库、动力站、水泵房及其他配套建筑组成，主要为框架结构，桩基础，室内地坪标高 234.00～252.00m。根据现有设计资料，拟建场地经整平后，除东北侧基岩出露，东南、西南侧均为深厚填土区，新近回填土最大厚度达48m。回填施工为抛填作业，回填材料主要为强、中风化泥岩、砂岩、泥质砂岩等巨粒材料，均匀性差、密实度低。为提高回填土密实度，控制回填土工后沉降，保证桩基旋挖成孔顺利进行，同时为桩基设计及优化提供依据，开展了本场地的土质改良试夯试验以及旋挖灌注桩的现场试验工作。

2.1.2　场地工程地质条件

根据勘察报告中揭露的地层情况，拟建场地地层结构为：上覆第四系人工素填土（Q_4^{ml}）、粉质黏土（Q_4^{dl+el}），下伏基岩为侏罗系中统沙溪庙组（J_2^s）泥岩、泥质砂岩、砂岩。地层由上而下描述如下：

（1）素填土（Q_4^{ml}）：杂色，由场地范围内施工平场时挖方（含爆破）产生的砂岩、泥

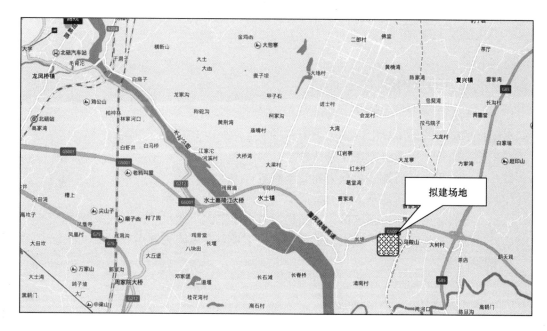

图 2.1-1 工程场地地理位置示意图

岩碎块组成，块石含量一般为 50%～70%，碎块一般粒径为 6～50cm，最大揭露粒径达 200cm 以上，回填不均匀，松散—密实，稍湿，局部填土层底部夹杂薄层灰褐色粉质黏土（原池塘冲沟底部灰褐色粉质黏土经抛填挤压形成）。回填时间约 1 年左右。揭露厚度 0.0（ZY0005）～44.7m（ZY0732）。

（2）粉质黏土（Q_4^{dl+el}）：褐色、褐黄色，为坡残积成因，多呈可塑状，稍有光泽，韧性中等，无摇振反应，干强度中等，局部含有少量灰色有机质土。揭露厚度 0.0（ZY001）～5.0m（ZY2078）。

（3）泥岩（J_2^{S-Ms}）：紫红色、紫褐色，泥质结构，薄—中厚层状构造，主要由黏土矿物组成，局部砂质含量较高，并间断夹有少量砂质泥岩，偶见灰绿色砂质团斑和条带，强风化带岩芯破碎，中等风化带岩芯完整，一般呈柱状、长柱状。场地范围内呈条带状分布，钻探揭露最大单层厚度 23.9m（ZY2311）。

（4）泥质砂岩（J_2^{S-As}）：红褐色、紫红色、灰褐色，局部夹青灰色，矿物成分主要为长石、石英、云母及少量黏土矿物，细—中粒结构，薄—中厚层状构造。岩芯局部含砂较重，并间断夹有少量泥质粉砂岩。强风化带岩芯破碎，中等风化带岩芯较完整，一般呈短柱状、柱状。场地范围内呈条状分布，钻探揭露最大单层厚度 17.6m（ZY2237）。

（5）砂岩（J_2^{S-Ss}）：灰白色，细—中粒结构，厚—巨厚层状构造，矿物成分主要为长石、石英、云母及少量暗色矿物，钙泥质胶结。局部夹薄层粉砂岩。强风化带岩芯破碎，中等风化带岩芯完整，一般呈柱状、长柱状。场地范围内呈条带状分布，钻探揭露最大单层厚度 22.6m（ZY1199）。

2.2　试验方案简介

2.2.1　试验目的及内容

1. 试验目的

本项目试验目的如下：

(1) 确定场地土质改良方法及设计参数；

(2) 确定土质改良后地基承载力和变形模量；

(3) 确定中等风化岩地基承载力特征值、弹性（变形）模量；

(4) 确定嵌岩桩在岩石强度低、岩面陡、填土厚工况下单桩竖向极限承载力；

(5) 确定桩基施工工艺，提出施工过程中施工难点及风险控制点。

2. 试验内容

(1) 高能量强夯单点夯试验；

(2) 超重型动力触探 N_{120} 试验；

(3) 桩端中等风化岩天然抗压强度试验；

(4) 岩基地基承载力试验；

(5) 单桩静载荷试验；

(6) 单桩桩身应力测试；

(7) 单桩完整性检测（声波检测）；

(8) 旋挖钻机干成孔工艺适用性试验。

2.2.2　土质改良试验方案简介

1. 试夯区土质改良试验方案

（1）土石方开挖

基坑开挖深度约 20.0m，边坡分两级开挖，坡度 1∶1，分级设置护道，护道宽度 2.5m。为确保大型设备运输安全，基坑设置外马道，马道宽度 10.0m，坡度 1∶10，两侧做放坡处理，坡度 1∶1，马道设置也可根据现场实际情况适当进行调整。

（2）土石方回填

土石方应按设计要求分层回填，回填材料石块最大粒径不超过 80cm，块石含量不超过 50%，回填过程中应考虑夯沉量，回填后强夯处理至设计要求的标高。

（3）试夯区土质改良

1）底层填土厚度约 15.0m，强夯处理方式为"三遍点夯＋一遍满夯"，其中第一遍点夯、第二遍点夯单点夯击能为 15000kN·m，第三遍点夯单点夯击能为 6000kN·m，满夯能级 2000kN·m，强夯处理完成面标高 221.0m；其上第二层回填土分层厚度约 10.0m，强夯处理方式为"三遍点夯＋一遍满夯"，其中第一遍点夯、第二遍点夯单点夯击能为 10000kN·m，第三遍点夯单点夯击能为 6000kN·m，满夯能级 2000kN·m。

2）夯点布置：第一遍、第二遍点夯按照 10m×10m 均匀布置，且两遍点夯交叉，第三遍点夯位于前两遍夯点之间。

3）夯击次数：第一、二遍点夯夯击次数不小于 10 击，最后两击平均夯沉量不大于 200mm，第三遍点夯夯击次数不小于 8 击，最后两击平均夯沉量不大于 150mm，满夯单点夯击次数不小于 2 击，满夯搭接不小于 1/4，最终点夯击数应根据试验确定。

4）各遍强夯间隔时间 2～3d。

（4）强夯检测

1）强夯地基均匀性检验：采用超重型动力触探试验检测，要求影响深度内超重型动力触探 N_{120} 击数不小于 7 击，检测数量按每 400m² 不少于 1 个检测点，且不少于 3 点。

2）地基承载力检验：要求地基承载力特征值不小于 200kPa，变形模量不小于 15MPa，同能级检测数量按每 1000m² 不少于 1 个检测点，且不少于 3 点。

（5）其他

当基坑开挖过程中遇地下水时，应进行降水排水；当回填土含水量过大时，应对土质翻晒或者加入白灰进行改良，达到最优含水量时方可进行回填强夯。

2. 非试夯区土质改良方案

（1）填土厚度约为 10.0m，强夯处理方式为"两遍点夯＋一遍满夯"，其中第一遍、第二遍点夯单点夯击能为 10000kN·m，满夯能级 2000kN·m，强夯处理完成面标高为桩基施工桩顶标高。

（2）夯点布置：第一遍、第二遍点夯按照 10m×10m 梅花形布置。

（3）夯击次数：第一遍、第二遍点夯夯击次数不小于 10 击，第三遍点夯夯击次数不小于 8 击，同时满足最后两击平均夯沉量不大于 150mm，满夯单点夯击次数不小于 2 击，满夯搭接不小于 1/4，最终点夯击数应根据试验确定。

（4）各遍强夯间隔时间 2～3d。

2.2.3 桩基试验方案

根据试桩任务书要求，试桩根数为 12 根，有 3 种桩型，分别为 JZCC-1、JZCC-2、JZCC-3，试验桩设计参数如表 2.2-1 所示，桩端入中等风化岩深度不小于 5D，其中除 JZCC-2 型中 1000-4 及 JZCC-3 型试桩采用锚桩进行静载荷试验，其余均采用堆载，鉴于后期部分建筑地基持力层为基岩以及采用桩端极限端阻力标准值进行单桩承载力计算，试验采用岩基载荷试验确定中等风化泥岩承载力特征值。

试验桩设计参数汇总表　　　　表 2.2-1

桩型	桩编号	混凝土强度等级	静载试验极限值（kN）	桩径 D（m）	桩数	预计有效桩长（m）	预计施工桩长（m）	主筋配筋	填土处理方案
JZCC-1	800-1	C30	8000	0.8	1	11.5	12.0	10φ20	—
	800-2				1	10.5	11.0		
	800-3				1	11.5	12.0		
	800-4				1	12.0	12.5		

续表

桩型	桩编号	混凝土强度等级	静载试验极限值（kN）	桩径D（m）	桩数	预计有效桩长（m）	预计施工桩长（m）	主筋配筋	填土处理方案
JZCC-2	1000-1	C30	13000	1.0	1	22.5	23.0	13Φ20	两遍点夯＋一遍满夯，第一、二遍点夯单点夯击能为10000kN·m；满夯夯击能为2000kN·m
	1000-2				1	21.5	22.0		
	1000-3				1	21.5	22.0		
	1000-4		15000		1	40	40.5		
	锚桩	C35		1.2	4	29	29.5	18Φ32	
JZCC-3	1200-1	C30	18300	1.2	1	16.5	17.0	16Φ20	
	锚桩	C35			4	21.0	21.5	22Φ32	
	1200-2	C30	18300		1	16.3	16.8	16Φ20	
	锚桩	C35			4	21.0	21.5	22Φ32	
	1200-3	C30	18300		1	16.3	16.8	16Φ20	
	锚桩	C35			4	22.0	22.5	22Φ32	
	1200-4	C30	18300		1	39.5	40	16Φ20	
	锚桩	C35			4	32.0	32.5	22Φ32	

2.3 土质改良与灌注桩试验

2.3.1 土质改良试验过程

1. 浅埋回填土区（回填土厚度小于10m）土质改良试验过程

（1）场地整平，场地排水

进行浅埋回填土区土质改良试验前，采用开挖明沟进行排水，待水排出后进行场地整平，情况如图2.3-1～图2.3-3所示。

图2.3-1 场地局部裂隙水出露浸出

图 2.3-2 场地排水

图 2.3-3 场地整平

（2）土质改良

浅埋回填土区根据现场场地情况及设计方案，采用强夯、置换等方法进行土质改良，情况如图 2.3-4、图 2.3-5 及表 2.3-1 所示。

图 2.3-4 夯坑照片（置换处理）

图 2.3-5 夯坑照片（强夯处理）

浅埋回填土区土质改良施工情况   表 2.3-1

部位	面积（m²）	填土厚度（m）	夯坑深度范围内水位	土质改良情况
800-1 试桩	—	5.3	—	场地整平后直接打桩，未进行处理
800-2 试桩	—	5.4	—	
800-3 试桩	—	5.7	—	
800-4 试桩	—	6.7	—	
1000-1 试桩	225	16.0	无	按设计方案执行，两遍点夯＋一遍满夯
1000-2 试桩	225	14.6	无	
1000-3 试桩	225	14.8	无	
1200-1 试桩	225	9.9	有水	提锤困难，夯坑填粗粒土进行置换，后进行强夯处理
1200-3 试桩	225	8.8	有水	
1200-2 试桩	225	9.3	无	按设计方案执行，两遍点夯＋一遍满夯

2. 浅埋回填土区岩基载荷试验

（1）仪器仪表及设备

千斤顶：250t 型油压千斤顶 1 个，检校合格；

压力表：0.4 精度级标准压力表 1 个，量程 0～60MPa，检校合格；

百分表：0～30mm 大量程百分表 2 个，检校合格；

刚性承压板，直径 300mm，厚度 50mm，刚度满足试验要求。

（2）岩基载荷试验点信息及现场概况

岩基载荷试验选点原则：中等风化泥岩；泥岩裸露，开挖深度浅。根据以上原则总计选点 3 个，基本信息详见表 2.3-2，施工情况详见图 2.3-6～图 2.3-13。试验成果详见 2.4节内容。

岩基载荷试验点信息表　　　　　　　　　　　　表 2.3-2

试验点号	检测标高（m）	试点坐标	岩基试验点描述
1	247.0	X：93735.27 Y：61034.72	紫红色中风化泥岩，岩层完整，无地下渗水
2	251.4	X：93576.05 Y：61259.24	紫红色浅灰色中风化泥岩，岩层完整，无地下渗水
3	250.8	X：93529.43 Y：61269.73	紫红色夹浅灰色中风化泥岩，岩层较破碎，裂隙较发育，无地下渗水

图 2.3-6　1 号点岩基载荷试验

图 2.3-7　1 号点基岩破坏

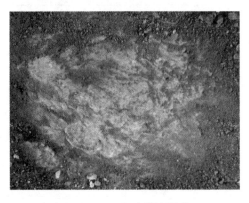

图 2.3-8　2 号点基岩厚状

图 2.3-9　2 号点基岩破坏

图 2.3-10　3 号点基岩原状

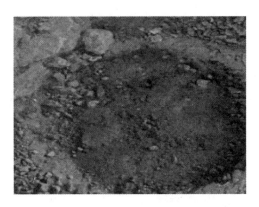

图 2.3-11　3 号点基岩破坏

图 2.3-12　2 号岩基载荷试验点岩样

图 2.3-13　3 号岩基载荷试验点岩样

2.3.2　深厚回填土区土质改良试验过程

1. 深厚回填土区土石方开挖、回填

基坑开挖深度约 20.0m，分层开挖，总计挖方约 82000m³，分层回填，单层回填厚度不大于 5m，总计填方约 80000m³，配备挖掘机 3～4 台，推土机 1 台，装载机 1 台，渣土车 13 辆，基坑开挖详见图 2.3-14。

2. 深厚回填土区土质改良试验过程

（1）设备规格、型号

机液一体式强夯机 HZQH7000B 1 台；装载机厦工 XG9551 台，夯锤直径 2.6m，锤重 96.4t。

（2）第一层（-20m）土质改良

三遍点夯+一遍满夯，第一、二遍点夯单击夯击能为 15000kN·m，第三遍单点夯单击夯击能为 6000kN·m，满夯能级 2000kN·m；

第一遍、第二遍夯点总计 22 个点，单点夯试验点完成 3 个点，第三遍夯点总计 22 个点，单点夯试验完成 3 个点，具体施工过程详见图 2.3-15、图 2.3-16。

图 2.3-14　土石方开挖情况

图 2.3-15　点夯情况

图 2.3-16　15000kN·m 能级夯坑情况

（3）第二层（−10m 位置）土质改良

三遍点夯+一遍满夯，第一、二遍点夯单点夯击能为 10000kN·m，第三遍单点夯击能为 6000kN·m，满夯能级 2000kN·m；

第一遍点夯总计 24 个点、第二遍夯点总计 15 个点，10000kN·m 能级单点夯试验点完成 3 个点，第三遍夯点总计 24 个点，单点夯试验完成 3 个点，具体施工过程详见图 2.3-17～图 2.3-22。

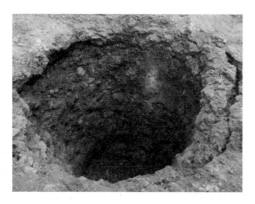

图 2.3-17　10000kN·m 能级夯坑情况

图 2.3-18　10000kN·m 能级夯坑深度测量

图 2.3-19　10000kN·m 能级夯坑直径测量

图 2.3-20　10000kN·m 能级点夯完成情况

图 2.3-21　6000kN·m 能级点夯完成情况

图 2.3-22　点夯夯坑回填

（4）第三层（0m 位置）土质改良

三遍点夯＋一遍满夯，第一、二遍点夯单点夯击能为 10000kN·m，完成情况如图 2.3-23、图 2.3-24 所示；第三遍单点夯击能为 6000kN·m，满夯能级 2000kN·m。

第一遍点夯总计 35 个点；全部完成，并进行了该能级的点夯试验；第二遍夯点总计 24 个点，实际完成 17 个点；第三遍点夯总计 58 个，实际完成 9 个点。受暴雨影响，场地松软，大面积强夯短期内无法实施，为满足工期要求，经与各方协商，对桩基影响范围内 15m×15m 区域进行清表，清除厚度约 0.5m，并采用含水量适合的土方进行回填，厚度约 1.5m，并在此范围内进行了补夯处理，完成面积约 450.0m²。

试夯区土质改良试验成果见 2.5.1 节内容。

3. 超重型动力触探（N_{120}）试验过程

超重型动力触探点总计完成 14 个点，其中相对标高 -20.0m 位置完成 4 个点，动探深度 15.5m；相对标高 -10.0m 位置完成 4 个点，动探深度 10.5m；相对标高 0m（地面）位置完成 6 个点，动探深度 10.5m，现场施工情况详见图 2.3-25、图 2.3-26。试验成果详见 2.5.2 节内容。

图 2.3-23　10000kN·m 能级点夯完成情况

图 2.3-24　10000kN·m 能级点夯夯坑情况

图 2.3-25　第一层超重型动力触探（N_{120}）试验

图 2.3-26　第二层超重型动力触探（N_{120}）试验

4. 强夯地基承载力检测

根据现场实际施工情况，在浅埋回填土强夯区域任意选择 3 个点进行了地基承载力检测，设备使用如下：

（1）千斤顶：YCW100B 油压千斤顶一个，检校合格；

（2）压力表：0.4 精度级标准压力表一只，量程 0~60MPa，检校合格；

（3）百分表：0~50mm 大量程百分表四只，检校合格；油泵：SY63 一个，检校合格；

（4）压板：钢质方形承压板，尺寸 1m×1m。

强夯地基承载力检测结果详见 2.5.3 节内容。

2.3.3　灌注桩施工及试验过程

1. 灌注桩试验施工

本次试验总计完成 32 根桩施工，其中 12 根试验桩（浅埋回填土区 10 根，深厚回填土区 2 根），22 根锚桩，桩基试验施工情况详见表 2.3-3、表 2.3-4 及图 2.3-29、图 2.3-30。

2. 桩端基岩取芯及强度测试

对 10 根桩桩端进行取样总计 10 组，每组 9 个试样，典型岩样详见图 2.3-29，岩样天然湿度抗压强度详见表 2.3-5。

浅埋回填土区灌注桩施工情况汇总　　　　　　　　　表 2.3-3

桩号	预计桩长（m）	实际桩长（m）	成孔情况	成孔工艺及灌注方式	充盈系数
800-1	11.5	16.4	孔深6.0m遇孤石塌孔，入岩处有水，成孔后渗水，量小	旋挖钻机成孔；水下灌注混凝土	1.27
800-2	10.5	13.8	入岩处有水，成孔后渗水，量小		1.18
800-3	11.5	15.3	入岩处有水，成孔后渗水，量小		
800-4	12.0	12.7	孔内无水		
1000-1	22.5	22.6	成孔后有渗水，量小		1.15
1000-2	21.5	22.5	入岩处有水，成孔后渗水，量小		
1000-3	21.5	21.5	入岩处有水，成孔后渗水，量小		
1200-1	16.5	19.8	入岩处见水，成孔渗水严重		1.17
1200-2	16.3	16.5	入岩处有水，成孔后渗水，量小		
1200-3	16.3	16.5	入岩处有水，成孔后渗水，量小		

深厚回填土区灌注桩施工情况汇总　　　　　　　　　表 2.3-4

桩号	设计桩底标高（m）	预计桩长（m）	施工桩长（m）	成孔工艺及灌注方式	充盈系数
1000-4	201	40	37.1	26m见水，旋挖成孔；水下灌注混凝土	1.15
锚桩-1	212	29	29	26m见水，旋挖成孔；水下灌注混凝土	1.24
锚桩-2	212	29	29	27m见水，旋挖成孔；水下灌注混凝土	1.15
锚桩-3	212	29	29	26m见水，旋挖成孔；水下灌注混凝土	1.33
锚桩-4	212	29	29	26m见水，旋挖成孔；水下灌注混凝土	1.24
1200-4	201.5	39.5	33.2	25m见水，旋挖成孔；水下灌注混凝土	1.15
锚桩-1	209	32	32	25m见水，旋挖成孔；水下灌注混凝土	1.17
锚桩-2	209	32	32	25m见水，旋挖成孔；水下灌注混凝土	1.36
锚桩-3	209	32	32	21m见水，旋挖成孔；降雨，10m遇大石块、塌孔深度约2.0m；21m遇滞水、大石块，塌孔深度2.0~4.0m；水下灌注混凝土	1.44
锚桩-4	209	32	32	未见水，旋挖成孔；降雨、遇大石块塌孔，深度约2.0m；21m遇滞水、大石块，塌孔深度约2.0m	1.31

图 2.3-27　浅埋回填土区灌注桩成孔照片（孔内无水或少量水）

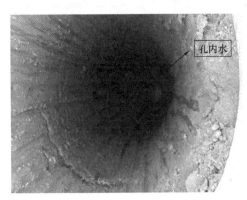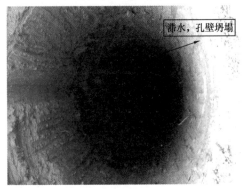

图 2.3-28　浅埋回填土灌注桩成孔照片（孔内水量大）

桩端岩体天然湿度抗压强度统计表　　　　　表 2.3-5

桩号	抗压强度标准值（MPa）	抗压强度平均值（MPa）	岩样描述
800-1	5.1	5.6	
800-2	3.8	4.4	
800-3	5.6	6.3	
800-4	6.0	6.6	紫红色、紫褐色，泥质结构，主要由黏土矿物组成，局部砂质含量较高，间断夹有少量砂质泥岩，偶见灰绿色砂质团斑和条带
1000-1	6.6	7.1	
1000-2	4.0	4.8	
1000-3	5.1	5.9	
1200-1	5.4	6	
1200-2	5.9	7	
1200-3	4	4.7	
平均值	5.15	5.84	

图 2.3-29　桩端取芯岩样

以上岩芯试验结果显示，桩端持力层岩芯单轴无侧限抗压强度平均值为 5.84MPa，与勘察报告成果基本一致。

3. 灌注桩单桩静载荷试验

在进行桩基静载荷前，对试验桩采用声波投射法完成桩身完整性检测，总计 12 根，桩身完整性检测结果见 2.6.1 节内容。

静载荷试验桩总计 12 根，其中采用堆载法 7 根，锚桩法 5 根，为避免桩头压碎破坏，每根试验桩均做了桩帽，单桩静载荷试验过程中，受雨季影响，桩周、场地内积水较多，道路松软，静载荷试验前均对场地进行了整平和压实处理，具体详见图 2.3-30～图 2.3-33，试桩静载荷检测结果见 2.6.2 节内容。

为了深入研究单桩受力特征，在桩径 1000mm、1200mm 试验桩桩身主筋中布置钢筋应力计进行应力测试，测试成果及桩身轴力、侧摩阻力计算成果详见 2.6.3 节内容。

图 2.3-30　桩帽完成情况

图 2.3-31　堆载法

图 2.3-32　锚桩法

图 2.3-33　千斤顶、仪表安装

2.4　岩基静载荷试验结果及分析

2.4.1　岩基载荷试验结果

岩基载荷试验总计完成 3 个点，试验结果如表 2.4-1～表 2.4-3 及图 2.4-1～图 2.4-3 所示。

1. 试验编号：1 号基岩

1 号点岩基载荷试验数据表　　　　　　　表 2.4-1

荷载 p（kPa）	0	2752	4640	6528	8416	10304	12192	14079	15967	12192	8416	4640	0
累计位移 s（mm）		0.915	2.101	2.634	3.430	4.272	4.941	6.146	9.544	9.328	9.165	8.335	3.749
各级位移 s（mm）		0.915	1.187	0.533	0.796	0.842	0.669	1.205	3.399				

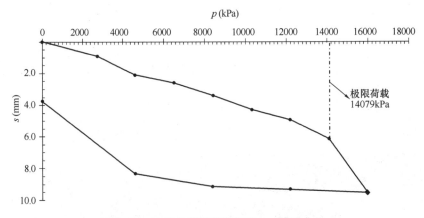

图 2.4-1　1 号点岩基载荷试验 p-s 关系曲线

2. 试验编号：2 号基岩

2 号点岩基载荷试验数据表　　　　　　　表 2.4-2

荷载 p（kPa）	0	2123	3381	4640	5899	7157	8416	9674	10933	8416	5899	3381	0
累计位移 s（mm）		3.254	6.030	7.539	9.707	12.877	16.365	19.668	25.812	21.951	21.185	20.309	13.888
各级位移 s（mm）		3.254	2.776	1.510	2.168	3.170	3.489	3.303	6.144				

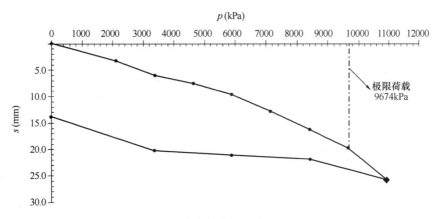

图 2.4-2　2 号点岩基载荷试验 p-s 关系曲线

3. 试验编号：3 号基岩

3 号点岩基载荷试验数据表　　　　　　　　　　　　表 2.4-3

荷载 p（kPa）	0	864	1493	1808	2123	2437	2752	2123	1493	0
累计位移 s（mm）		2.312	4.631	6.200	7.553	8.997	19.349	17.815	16.811	14.719
各级位移 s（mm）		2.312	2.319	1.569	1.353	1.444	10.353			

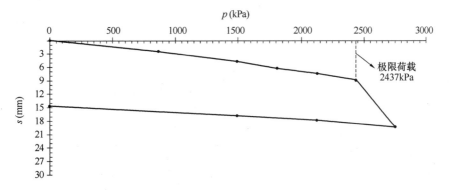

图 2.4-3　3 号点岩基载荷试验 p-s 关系曲线

2.4.2　岩基载荷试验结果分析

承载力确定方法依据《建筑地基基础设计规范》GB 50007—2011 中附录 H 确定。

变形模量（弹性模量）依据《工程岩体试验方法标准》GB/T 50266—2013 中第 3.1.1 条确定，计算公式详见式（2.4-1），计算结果详见表 2.4-4。

$$E = I_0 \frac{(1-\mu^2)pD}{W} \qquad (2.4\text{-}1)$$

式中：E ——岩体弹性（变形）模量（MPa），当以总变形 W_0 代入式中计算的为变形模量 E_0；当以弹性变形 W_e 代入式中计算的为弹性模量 E；

W——岩体变形值（mm）；

p　按承压板面积计算的压力（MPa）；

I_0——刚性承压板的形状系数，圆形承压板取 0.785，方形承压板取 0.886；

D——承压板直径或边长（mm）；

μ——岩体泊松比，中等风化泥岩泊松比取 0.30。

本次进行的 3 个点的荷载试验成果如下：

（1）基岩 1 试点加荷至 15967kPa 时承压板周围的岩体出现明显的裂纹，且裂纹不断增多，满足破坏条件，故终止试验，取该荷载前一级 14079kPa 为极限荷载。

（2）基岩 2 试点加荷至 10933kPa 时承压板周围的岩体出现明显的裂纹，且裂纹不断增多，沉降量读数不断变化，满足破坏条件，故终止试验，取该荷载前一级 9674kPa 为极限荷载。

（3）基岩 3 试点加荷至 2752kPa 时承压板周围的岩体出现明显的裂纹，且裂纹不断增多，沉降量读数不断变化，满足破坏条件，故终止试验，取该荷载前一级 2437kPa 为极限荷载。

岩基载荷试验计算结果汇总　　　　　　　　表 2.4-4

试验点号	岩基承载力（kPa）		弹性模量（MPa）	变形模量（MPa）	备注
	极限承载力	承载力特征值			
1 号	14079	4693	457	491	
2 号	9674	3225	121	105	
3 号	2437	812	73	58	基岩裂隙发育

依据《建筑地基基础设计规范》GB 50007—2011 中附录 H 规定，经过计算，中等风化泥岩作为地基持力层时，建议浅埋基础地基承载力特征值取最小值 800kPa。

依据重庆市地标《建筑地基基础设计规范》DBJ 50—047—2016，按岩基承载力计算单桩竖向极限承载力标准值时，采用本次岩基载荷试验所得极限承载力作为桩端地基极限承载力标准值 f_{uk} 进行计算，其中 3 号基岩点裂隙发育，岩层倾角陡，f_{uk} 取 1 号、2 号基岩极限承载力的较小值，即 9674kPa。

2.5　土质改良试验结果分析

2.5.1　深厚回填土区单点夯试验及施工记录结果汇总

1. 单点夯试验结果

根据设计方案要求，分层强夯前，均选择 3 点进行了单点夯试验，单点夯试验结果汇总详见图 2.5-1～图 2.5-10。

根据现场点夯试验结果，以最后两击夯沉量为终锤标准，得到对土质改良施工参数的建议值，如表 2.5-1 所示。

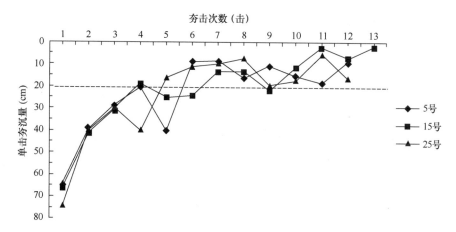

图 2.5-1 第一层（－20m）夯击能 15000kN·m
单点夯击次数与夯沉量关系曲线

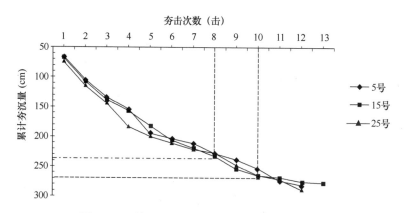

图 2.5-2 第一层（－20m）夯击能 15000kN·m
单点夯击次数与累计夯沉量关系曲线

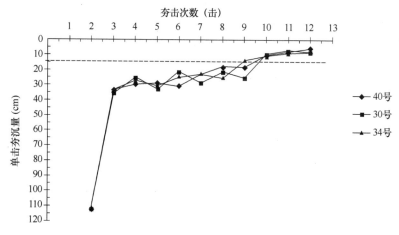

图 2.5-3 第一层（－20m）夯击能 6000kN·m
单点夯击次数与夯沉量关系曲线

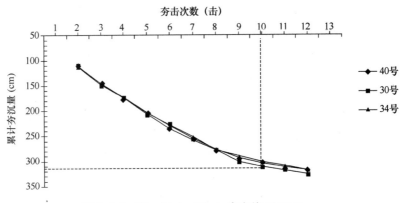

图 2.5-4　第一层（−20m）夯击能 6000kN・m
单点夯击次数与累计夯沉量关系曲线

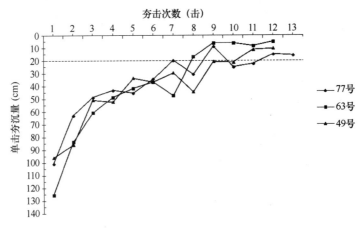

图 2.5-5　第二层（−10m）夯击能 10000kN・m
单点夯击次数与夯沉量关系曲线

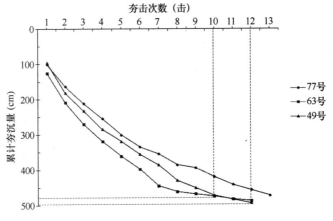

图 2.5-6　第二层（−10m）夯击能 10000kN・m
单点夯击次数与累计夯沉量关系曲线

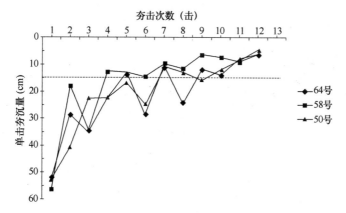

图 2.5-7　第二层（-10m）夯击能 6000kN·m
单点夯击次数与夯沉量关系曲线

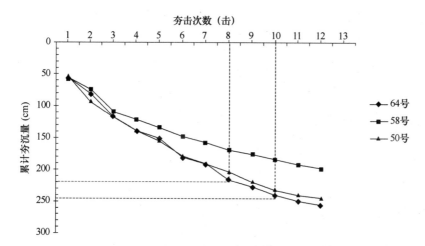

图 2.5-8　第二层（-10m）夯击能 6000kN·m
单点夯击次数与累计夯沉量关系曲线

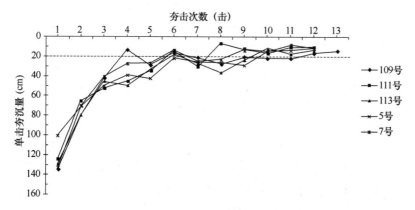

图 2.5-9　第三层（地面 0.0m）夯击能 10000kN·m
单点夯击次数与夯沉量关系曲线

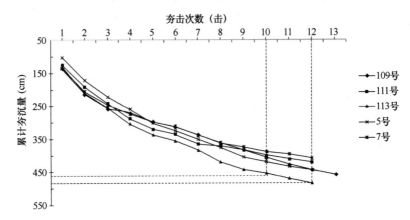

图 2.5-10　第三层（地面 0.0m）夯击能 10000kN·m 单点夯击次数与累计夯沉量关系曲线

土质改良建议施工参数表　　　　　　　　　　表 2.5-1

点夯位置	点夯能级	最佳单点夯击次数（击）	最后两击夯沉量 ≤（mm）
第一层	第一遍、第二遍点夯 15000kN·m	8～10	200
	第三遍点夯 6000kN·m	7～8	150
第二、三层	第一遍、第二遍点夯 10000kN·m	10～12	200
	第三遍点夯 6000kN·m	8～10	150

2. 强夯施工夯沉量统计结果

根据施工夯沉量测量，对每层强夯施工记录进行了统计，具体统计结果如图 2.5-11～图 2.5-17所示。

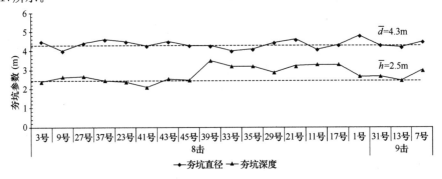

图 2.5-11　第一层（−20m）夯击能 15000kN·m 第一遍、第二遍夯坑实测参数

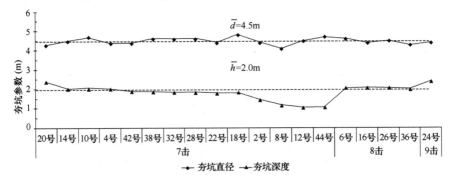

图 2.5-12　第一层（−20m）夯击能 6000kN·m 第三遍夯坑实测参数

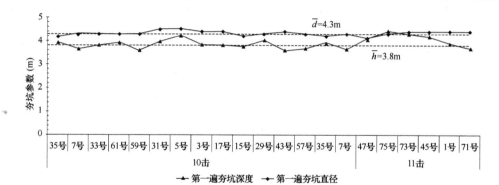

图 2.5-13　第二层（－10m）夯击能 10000kN·m 第一遍夯坑实测参数

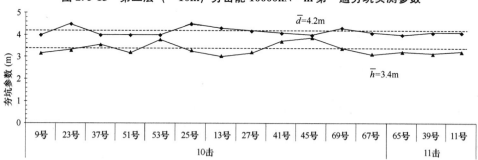

图 2.5-14　第二层（－10m）夯击能 10000kN·m 第二遍夯坑参数

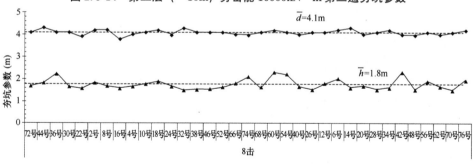

图 2.5-15　第二层（－10m）夯击能 6000kN·m 第三遍夯坑参数

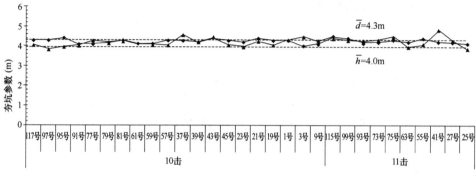

图 2.5-16　第三层夯击能 10000kN·m 第一遍夯坑参数

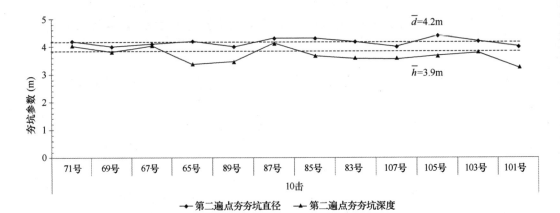

图 2.5-17　第三层（地面 0.0m）夯击能 10000kN·m 第二遍夯坑参数

对第一至三层场地夯坑参数进行统计，得到各能级点夯下的平均累计夯沉量及夯坑直径如表 2.5-2 所示。

点夯试验结果汇总表　　　　　　　　　　　　　　　　　表 2.5-2

单击夯击能（kN·m）	单点夯击次数（击）	累计夯沉量（m）	夯坑直径（m）
15000	8~10	2.3~2.7	4.5
10000	10~12	4.55~4.75	4.3
6000	8~10	2.6~2.75	4.6

2.5.2　超重型动力触探 N_{120} 结果

超重型动力触探：锤的质量 120kg，落距 1.0m，将标准规格的圆锥形探头贯入土中，记录贯入 10cm 的击数 N_{120}。通过分析不同深度超重型动力触探击数，可以对填土的密实度、竖向均匀性进行评价。

本次试验总计完成 14 个点，第一层（-20m）、第二层（-10m）各 4 个点，顶层 6 个点。依据 14 个点超重型动力触探（N_{120}）数据分析，N_{120} 数值均大于 7，表明经高能量强夯处理后填土密实度达到中密—密实，10000kN·m 强夯加固有效影响深度达到 10m。

2.5.3　强夯地基承载力检测结果

本次试验在顶层强夯后进行了平板载荷试验，总计完成 3 个点，承载力确定方法参照《建筑地基基础设计规范》GB 50007—2011 中附录 C 确定，变形模量依据《岩土工程勘察规范》GB 50021—2001 第 10.2.5 条确定，具体计算按下式进行，试验成果详见表 2.5-3 ～表 2.5-5，图 2.5-18～图 2.5-20。

$$E_0 = I_0 \frac{(1-\mu^2)pd}{s} \tag{2.5.1}$$

式中：E_0——浅层平板载荷试验的变形模量（MPa）；

　　　I_0——刚性承压板的形状系数，圆形承压板取 0.785，方形承压板取 0.886；

　　　μ——土的泊松比，本次试验取 0.27；

d——承压板直径或边长（m）；

p——$p\text{-}s$ 曲线线性段的压力（MPa）；

s——与 p 对应的沉降（mm）。

J1 号点平板载荷试验数据表 表 2.5-3

荷载 p（kPa）	0	90	174	257	341	425	509	593	676
各级沉降 Δs（mm）	0.000	3.114	2.201	2.688	2.912	3.810	5.100	6.489	9.450
累计沉降 s（mm）		3.114	5.315	8.003	10.915	14.725	19.825	26.314	35.764
s/d		0.003	0.005	0.008	0.011	0.015	0.020	0.026	0.036
变形模量（MPa）		23.7	26.8	26.4	25.7				

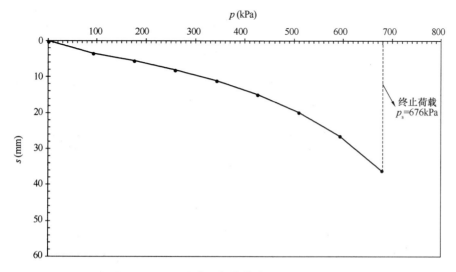

图 2.5-18 J1 号点平板载荷试验 $p\text{-}s$ 关系曲线

J2 号点平板载荷试验表 表 2.5-4

荷载 p（kPa）	0	86	166	246	326	406	486	566	646
各级位移 Δs（mm）	0.000	4.115	3.300	2.850	3.500	4.860	7.139	10.053	14.008
累计位移 s（mm）	0.000	4.115	7.415	10.265	13.765	18.625	25.764	35.817	49.825
s/d	0.000	0.004	0.007	0.010	0.014	0.019	0.026	0.036	0.050
变形模量（MPa）		17.2	18.4	19.7	19.5				

J3 号点平板载荷试验表 表 2.5-5

荷载 p（kPa）	0	82	158	235	311	387	463	539	616
各级位移 Δs（mm）	0.000	3.875	3.040	2.010	3.501	4.339	6.650	9.330	12.539
累计位移 s（mm）	0.000	3.875	6.915	8.925	12.426	16.765	23.415	32.745	45.284
s/d	0.000	0.004	0.007	0.009	0.012	0.017	0.023	0.033	0.045
变形模量（MPa）		17.4	18.8	21.6	20.5				

根据以上 3 台静载荷试验结果进行汇总统计分析如表 2.5-6 所示。

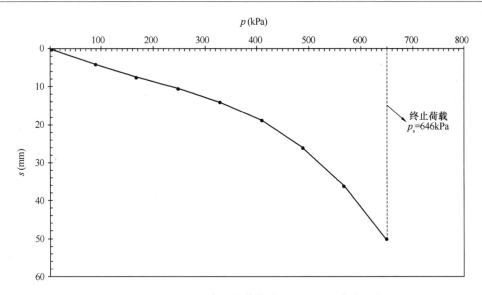

图 2.5-19　J2 号点平板载荷试验 p-s 关系曲线

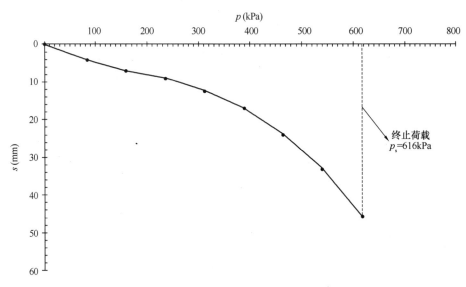

图 2.5-20　J3 号点平板载荷试验 p-s 关系曲线

强夯地基载荷试验计算结果汇总　　　　　　　　　　　　　表 2.5-6

试验点号	强夯地基承载力（kPa）		变形模量（MPa）	备注
	极限承载力（kPa）/沉降量（mm）	承载力特征值（kPa）		
J1	676/35.76	285	26.2	未极限破坏，属渐变型曲线
J2	646/49.8	246	19.7	未极限破坏，属渐变型曲线
J3	616/45.28	260	21.2	未极限破坏，属渐变型曲线

　　根据沉降变形控制法（s/d＝0.01）可判断地基承载力特征值（表 2.5-6），可见经高能量强夯处理后地基土承载力大于 200kPa，变形模量均能达到 15MPa，满足设计要求。

2.5.4　地基土质改良试验结果评价

（1）回填土经高能量强夯处理后，地基承载力特征值大于 200kPa，变形模量均能达到 15MPa。

（2）强夯地基土超重型动力触探试验，结果表明，地基土均匀性明显改善，N_{120} 平均值大于 7，密实度均能达到中密—密实的状态。

（3）第一层强夯处理完成后单层夯沉量约为 0.8m；第二、三层强夯处理完成后单层夯沉量约为 1.0m。

（4）根据超重型动力触探结果，夯击能为 15000kN·m 时，影响深度约为 15.0m，夯击能为 10000kN·m 时，影响深度约为 10.0m。

（5）场地土含泥岩比例大，遇雨崩解，且场地有多处泉水出露，造成强夯施工困难，影响工期以及旋挖成孔质量。

2.6　灌注桩载荷试验结果及分析

2.6.1　桩身完整性检测

本次 12 根试桩均采用声波投射法完成桩身完整性检测，12 根试验桩桩身完整，均为Ⅰ类桩。

2.6.2　单桩静载荷试验

本次 12 根试桩均完成单桩静载荷试验：JZCC-1 型桩 4 根，桩径 800mm，最大加载量 8000kN；JZCC-2 型桩 4 根，桩径 1000mm，最大加载量 13000~15000kN；JZCC-3 型桩 4 根，桩径 1200mm，最大加载量 18300kN。同时，对 1000-4 号、1200-3 号及 1200-4 号试验桩进行桩端沉降观测，数据附于相应 Q-s 曲线中。

（1）JZCC-1 型静载荷试验数据详见表 2.6-1~表 2.6-4，Q-s 曲线、s-lg$t$ 曲线详见图 2.6-1~图 2.6-8，该桩型单桩静载荷试验结果汇总详见表 2.6-5。

（2）JZCC-2 型静载荷试验数据详见表 2.6-6~表 2.6-9，Q-s 曲线、s-lg$t$ 曲线详见图 2.6-9~图 2.6-16，该桩型单桩静载荷试验结果汇总详见表 2.6-10。

（3）JZCC-3 型静载荷试验数据详见表 2.6-11~表 2.6-14，Q-s 曲线、s-lg$t$ 曲线详见图 2.6-17~图 2.6-24，该桩型单桩静载荷试验结果汇总详见表 2.6-15。

800-1 号桩单桩静载荷试验数据表　　　　　　　　　表 2.6-1

试桩号：800-1；桩长 $L=16.4$m；嵌岩深度 4.1m；$f_{rk}=5.1$MPa

荷载 (kN)	0	1600	2400	3200	4000	4800	5600	6400	7200	8000	6400	4800	3200	1600	0	残余变形 (mm)
累计沉降 (mm)	0.00	0.81	1.37	1.89	2.53	3.42	4.21	5.47	6.84	9.00	8.84	8.00	6.89	5.49	3.51	3.51

最大沉降量：9.00mm；最大回弹量：5.49mm；回弹率：61.00%

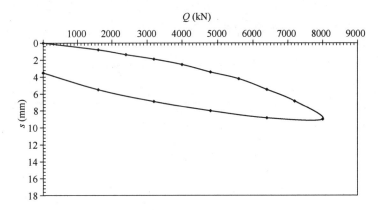

图 2.6-1　800-1 号桩 Q-s 曲线

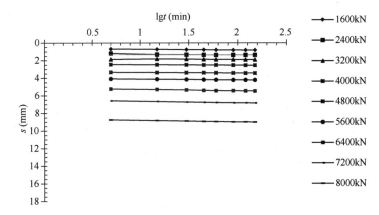

图 2.6-2　800-1 号桩 s-lg$t$ 曲线

800-2 号桩单桩静载荷试验数据表

表 2.6-2

试桩号：800-2；桩长 $L=13.8$m；嵌岩深度 4.0m；$f_{rk}=3.8$MPa															
荷载 （kN）	0	1600	2400	3200	4000	4800	5600	6400	7200	8000	6400	4800	3200	1600	0	残余变形 （mm）
累计沉降 （mm）	0.00	1.98	2.67	3.83	4.73	5.76	6.93	7.87	9.31	10.85	10.67	10.00	8.65	7.20	4.90	4.90
最大沉降量：10.85mm；最大回弹量：5.95mm；回弹率：54.85%															

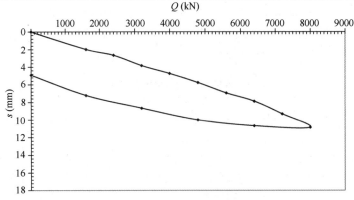

图 2.6-3　800-2 号桩 Q-s 曲线

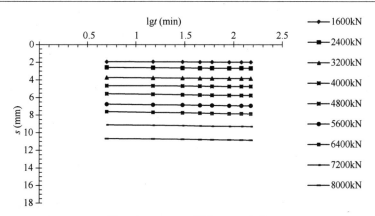

图 2.6-4 800-2 号桩 s -lgt 曲线

800-3 号桩单桩静载荷试验数据表   表 2. 6-3

试桩号：800-3；桩长 $L=15.3$m；嵌岩深度 4.3m；$f_{rk}=5.6$MPa

荷载 (kN)	0	1600	2400	3200	4000	4900	5600	6400	7200	8000	6450	4910	3200	1600	0	残余变形 (mm)
累计沉降 (mm)	0.00	2.58	3.58	4.55	5.75	7.66	9.89	12.02	14.47	17.37	16.75	15.11	13.13	10.46	7.40	7.40

最大沉降量：17.37mm；最大回弹量：9.97mm；回弹率：57.40%

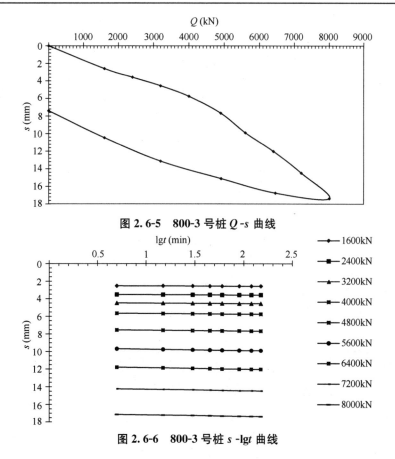

图 2.6-5 800-3 号桩 Q-s 曲线

图 2.6-6 800-3 号桩 s -lgt 曲线

800-4 号桩单桩静载荷试验数据表　　　　　　　　　　　表 2.6-4

试桩号：800-4；桩长 $L=12.7\text{m}$；嵌岩深度 4.3m；$f_{rk}=6.0\text{MPa}$

荷载 (kN)	0	1600	2400	3200	4000	4800	5600	6400	7200	8000	6450	4910	3200	1600	0	残余变形 (mm)
累计沉降 (mm)	0.00	2.48	3.44	4.71	5.98	7.46	8.68	9.82	11.20	12.80	12.60	12.00	10.77	9.13	7.02	7.02

最大沉降量：12.80mm；最大回弹量：5.78mm；回弹率：45.16%

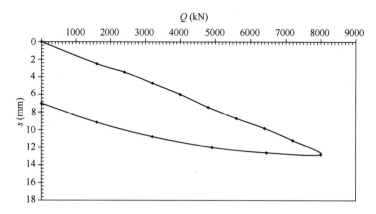

图 2.6-7　800-4 号桩 Q-s 曲线

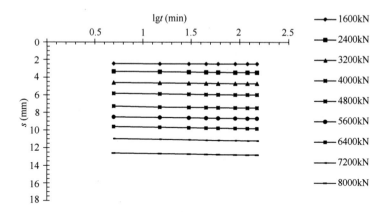

图 2.6-8　800-4 号桩 s-$\lg t$ 曲线

JZCC-1 型 800mm 直径单桩静载荷试验结果汇总表　　　　　　表 2.6-5

桩号	桩径 (mm)	施工桩长 (m)	嵌固段长度 (m)	最大加载 (kN)	最大沉降 (mm)	曲线特点	选桩依据
800-1	800	16.4	4.1	8000	9.00	渐变型曲线，未达到极限破坏	$f_{rk}=3.8\text{MPa}$，坡度陡
800-2	800	13.8	4.0	8000	10.85		$f_{rk}=4.4\text{MPa}$，坡度陡
800-3	800	15.3	4.3	8000	17.37		坡度陡，遇砂岩透镜体
800-4	800	12.7	4.3	8000	12.80		坡度陡，遇砂岩透镜体

1000-1号桩单桩静载荷试验数据表 表2.6-6

试桩号：1000-1；桩长 $L=22.6$ m；嵌岩深度5.1m；$f_{rk}=6.6$MPa

荷载 (kN)	0	2600	3900	5200	6500	7800	9100	10400	11700	13000	10400	7800	5200	2600	0	残余变形 （mm）
累计沉降 （mm）	0.00	2.34	3.66	5.21	6.74	7.74	9.44	11.58	13.97	16.71	15.53	14.31	12.88	10.78	8.41	8.41

最大沉降量：16.71mm；最大回弹量：8.31mm；回弹率：49.70%

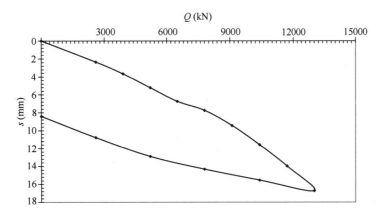

图2.6-9 1000-1号桩 Q-s 曲线

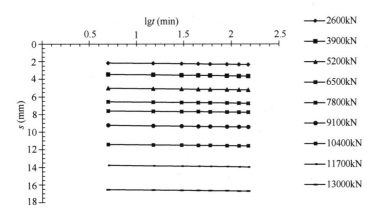

图2.6-10 1000-1号桩 s-$\lg t$ 曲线

1000-2号桩单桩静载荷试验数据表 表2.6-7

试桩号：1000-2；桩长 $L=22.5$ m；嵌岩深度5.1m；$f_{rk}=4.0$MPa

荷载 (kN)	0	2600	3900	5200	6500	7800	9100	10400	11700	13000	10400	7800	5200	2600	0	残余变形 （mm）
累计沉降 （mm）	0.00	2.21	3.42	4.58	5.65	6.69	7.70	8.92	10.15	11.55	10.88	9.46	7.57	5.68	3.21	3.21

最大沉降量：11.55mm；最大回弹量：8.35mm；回弹率：72.26%

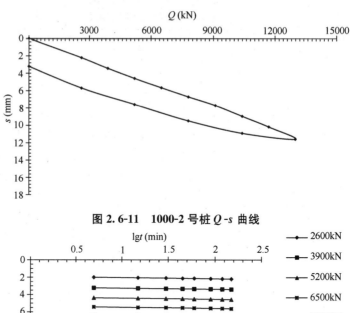

图 2.6-11　1000-2 号桩 Q-s 曲线

图 2.6-12　1000-2 号桩 s-lg$t$ 曲线

1000-3 号桩单桩静载荷试验数据表　　　　　　　　　　　　　表 2.6-8

试桩号：1000-3；桩长 L=21.5m；嵌岩深度 5.2m；f_{rk}=5.1MPa

荷载 （kN）	0	2600	3900	5200	6500	7800	9100	10400	11700	13000	10400	7800	5200	2600	0	残余变形 （mm）
累计沉降 （mm）	0.00	1.39	2.07	2.88	4.19	5.56	6.66	8.23	9.69	11.25	9.90	8.75	7.25	5.16	3.25	3.25

最大沉降量：11.25mm；最大回弹量：8.00mm；回弹率：71.09%

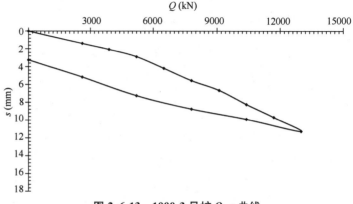

图 2.6-13　1000-3 号桩 Q-s 曲线

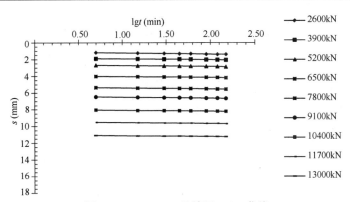

图 2.6-14　1000-3 号桩沉 s-$\lg t$ 曲线

1000-4 号桩单桩静载荷试验数据表　　　　　　　　　　　　表 2.6-9

试桩号：1000-4；桩长 $L=37.1\text{m}$；嵌岩深度 6.3m

荷载 (kN)	0	3000	4500	6000	7500	9000	10500	12000	13500	15000	12000	9000	5980	3000	0	残余变形（mm）
桩顶累计沉降（mm）	0.00	0.88	1.49	2.10	2.71	3.53	4.34	5.36	6.58	8.20	9.36	7.86	6.00	4.00	1.04	1.04
桩端累计沉降（mm）	0.000	0.004	0.008	0.017	0.029	0.074	0.132	0.239	0.377	0.563						

最大沉降量：8.20mm；最大回弹量：7.16mm；回弹率：87.32%

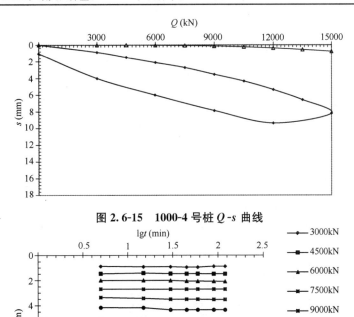

图 2.6-15　1000-4 号桩 Q-s 曲线

图 2.6-16　1000-4 号桩 s-$\lg t$ 曲线

JZCC-2 型 1000mm 直径桩静载荷试验结果汇总表　　　　表 2.6-10

桩号	桩径 (mm)	施工桩长 (m)	嵌固段长度 (m)	最大加载		桩端最大沉降量 (mm)	曲线特点	选桩依据
				(kN)	沉降 (mm)			
1000-1	1000	22.6	5.1	13000	16.71			$f_{rk}=4.0$MPa
1000-2	1000	22.5	5.1	13000	11.55		渐变型曲线，未达到极限破坏	$f_{rk}=7.5$MPa，坡度陡
1000-3	1000	21.5	5.2	13000	11.25			$f_{rk}=4.2$MPa，坡度陡
1000-4	1000	37.1	6.3	15000	10.64	0.563		填土厚

1200-1 号桩单桩静载荷试验数据表　　　　表 2.6-11

试桩号：1200-1；桩长 $L=19.8$m；嵌岩深度 6.3m；$f_{rk}=5.4$MPa

荷载 (kN)	0	3660	5490	7320	9150	10980	12810	14640	16470	18300	14640	10980	7320	3660	0	残余变形 (mm)
累计沉降 (mm)	0.00	1.43	2.04	2.71	3.55	4.38	5.26	6.38	7.34	8.59	7.40	6.22	4.97	3.46	1.92	1.92

最大沉降量：8.59mm；最大回弹量：6.67mm；回弹率：77.65%

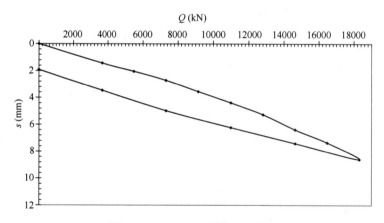

图 2.6-17　1200-1 号桩 Q-s 曲线

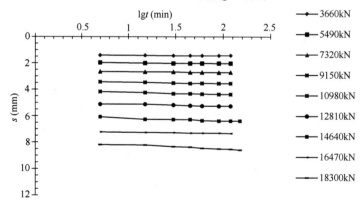

图 2.6-18　1200-1 号桩 s-lg$t$ 曲线

1200-2 号桩单桩静载荷试验数据表

表 2.6-12

试桩号：1200-2；桩长 $L = 16.5\text{m}$；嵌岩深度 6.2m；$f_{rk} = 5.9\text{MPa}$

荷载 (kN)	0	3660	5490	7320	9150	10980	12810	14640	16470	18300	14640	10980	7320	3660	0	残余变形 (mm)
累计沉降 (mm)	0.00	0.47	0.98	1.47	2.24	3.14	4.27	5.56	6.80	8.42	8.26	7.46	6.41	4.73	2.94	2.94

最大沉降量：8.42mm；最大回弹量：5.48mm；回弹率：65.10%

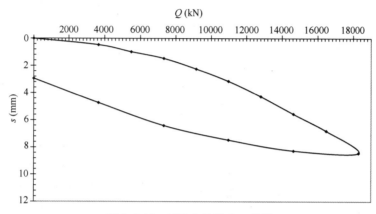

图 2.6-19　1200-2 号桩 Q-s 曲线

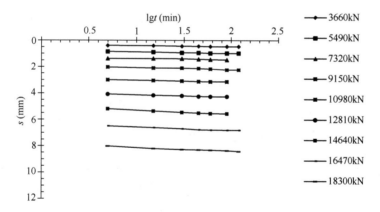

图 2.6-20　1200-2 号桩 s-$\lg t$ 曲线

1200-3 号桩单桩静载荷试验数据表

表 2.6-13

试桩号：1200-3；桩长 $L = 16.5\text{m}$；嵌岩深度 6.3m；$f_{rk} = 4\text{MPa}$

荷载 (kN)	0	3660	5490	7320	9150	10980	12810	14640	16470	18300	14640	10980	7320	3660	0	残余变形 (mm)
桩顶累计沉降 (mm)		0.46	0.77	1.18	1.77	2.53	3.13	3.73	4.43	5.44	5.37	4.98	4.36	3.59	2.59	2.59
桩端累计沉降 (mm)		0.000	0.000	0.000	0.000	0.000	0.083	0.129	0.552	1.219						

最大沉降量：5.44mm；最大回弹量：2.85mm；回弹率：52.39%

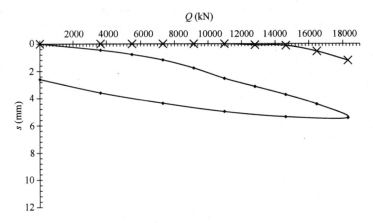

图 2.6-21　1200-3 号桩 Q-s 曲线

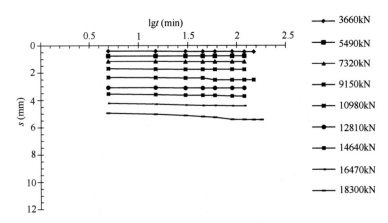

图 2.6-22　1200-3 号桩 s-lg$t$ 曲线

1200-4 号桩单桩静载荷试验数据表　　　表 2.6-14

试桩号：1200-4；桩长 L＝33.2m；嵌岩深度 6.5m

荷载 (kN)	0	3660	5490	7320	9150	10980	12810	14640	16470	18300	14640	10850	7180	3500	0	残余变形 (mm)
桩顶累计位移 (mm)	0	0.73	1.20	1.80	2.47	3.36	4.54	6.08	8.05	10.98	10.00	8.64	6.60	4.06	1.56	1.56
位移丝测量桩端累计位移 (mm)		0.000	0.001	0.002	0.004	0.008	0.028	0.269	0.419	0.714						
沉降杆测量桩端累计位移 (mm)		0.000	0.001	0.001	0.002	0.006	0.021	0.150	0.150	0.252						

最大沉降量：10.98mm；最大回弹量：9.42mm；回弹率：85.79%

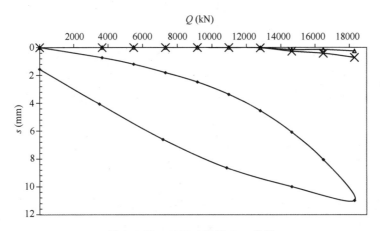

图 2.6-23　1200-4 号桩 Q-s 曲线

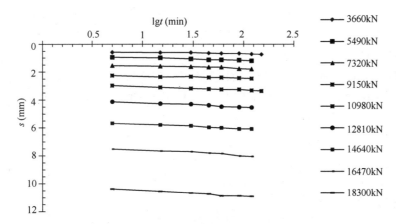

图 2.6-24　1200-4 号桩 s-lg$t$ 曲线

JZCC-3 型 1200mm 直径桩静载荷试验结果汇总表　　　　　表 2.6-15

桩号	桩径（mm）	施工桩长（m）	嵌固段长度（m）	最大加载		桩端最大沉降量（mm）	曲线特点	选桩依据
				（kN）	沉降（mm）			
1200-1	1200	19.8	6.3	18300	8.59	—	渐变型曲线，未达到极限破坏	f_{rk}＝7.7MPa
1200-2	1200	16.5	6.2	18300	8.42	—		f_{rk}＝4.3MPa，坡度较陡
1200-3	1200	16.5	6.3	18300	5.44	1.219		f_{rk}＝3.9MPa
1200-4	1200	33.2	6.5	18300	10.98	0.714/0.252		填土厚

　　按照《建筑桩基技术规范》JGJ 94—2008 确定 12 根试桩的单桩极限承载力及单桩承载力特征值，12 根试桩 Q-s 曲线均为缓变型且桩顶总沉降量远远小于 40mm，s-lg$t$ 曲线平直，无明显下弯。因此，取各单桩的最大加载值为静载荷试验单桩竖向承载力极限值，单桩竖向承载力特征值取最大加载量的 1/2，即 JZCC-1 型 800mm 直径桩单桩承载力特征值取 4000kN、JZCC-2 型 1000mm 直径桩单桩承载力特征值取 6500kN、JZCC-3 型

1200mm 直径桩单桩承载力特征值取 9150kN。

试验值均大于计算预估值，因为在试验工况下，桩侧发挥了正摩阻力，桩身应力测试也验证了这一现象（见 2.6.3 节结果及分析）。而在长期使用状态下，深部回填土可能在雍水位作用下发生湿陷变形，此工况下地基土将对桩侧产生负摩阻力；另考虑到大面积基桩施工时，诸如施工因素、地下水等质量影响因素较多，以试验值确定单桩承载力特征值或极限值时，应考虑一个综合折减系数。具体分析见 2.6.4 节。

2.6.3　桩身应力测试及轴力、摩阻力计算

1. 桩身钢筋应力测试

本试验通过桩身钢筋应力测试，计算桩身各截面轴力及桩身各段侧摩阻力。

采用振弦式钢筋应力计，规格与主筋相同，通过直螺纹套筒将钢筋应力计连接在主筋上。按距离桩顶 1.5m 处、距离桩端 0.5m 处、土层变化处布置钢筋应力计且应力计沿桩长间距不大于 10.0m，每个断面埋设 3 个应力计（呈 120°中心夹角均匀布置）。连接在应力计的电缆用柔性材料作防水绝缘保护，绑扎在钢筋笼上引至地面，所有的应力计均用明显的标记编号，并加以保护。

静载荷试验加载以前，先用应力检测仪量测各钢筋应力计的初始频率 f_0，静载荷试验每级加载达到相对稳定后，量测各钢筋应力计的频率值 f_i，钢筋应力 F（kN）的计算公式如式（1.6-1）所示。

2. 桩身轴力、侧摩阻力计算

本次试验总计完成桩径为 1000mm、1200mm 合计 8 根试桩的桩身钢筋应力计测试。

桩身轴力、侧摩阻力计算原理详见 1.6.2 节。

3. 单桩受力特征分布曲线

单桩在桩顶荷载作用下，荷载通过桩身向桩端传递，随着荷载的增加，其传递规律因桩侧岩性特征的差异以及桩端嵌岩条件的差异而呈现出不同的特点。以下对 4 根 1000mm 直径桩和 4 根 1200mm 直径桩共 8 根单桩进行了钢筋应力测试，经过上述原理计算后得曲线：

（1）桩身轴力分布曲线如图 2.6-25 和图 2.6-26 所示。

（2）桩身侧摩阻力分布曲线如图 2.6-27 和图 2.6-28 所示。

（3）桩身桩侧摩阻力、桩端阻力荷载分担比及嵌岩段阻力、非嵌岩段阻力荷载分担比曲线如图 2.6-29 和图 2.6-30 所示。

4. 桩身轴力及侧摩阻力分布特征

（1）桩身轴力分布特征

由图 2.6-25 和图 2.6-26 可知，在相同工况条件下，桩身轴力传递呈现出一致规律，即随桩顶荷载增加，桩身轴力随深度分布呈现"上大下小"的特点。

（2）桩身侧摩阻力分布特征

由图 2.6-27 和图 2.6-28 可知，静载单桩承载力特征值下桩身侧摩阻力汇总表详见表 2.6-16，经过对数据分析和汇总，桩身侧摩阻力分布呈现如下特征：

对于桩长 16.5～22.6m 的短桩，桩身侧摩阻力随桩身分布形态呈现出一致规律，且随着桩顶荷载的增加，桩身各截面侧摩阻力逐步增加，尤其是桩顶以下 0～10.0m 段和嵌岩段侧摩阻力出现明显的增强效应。

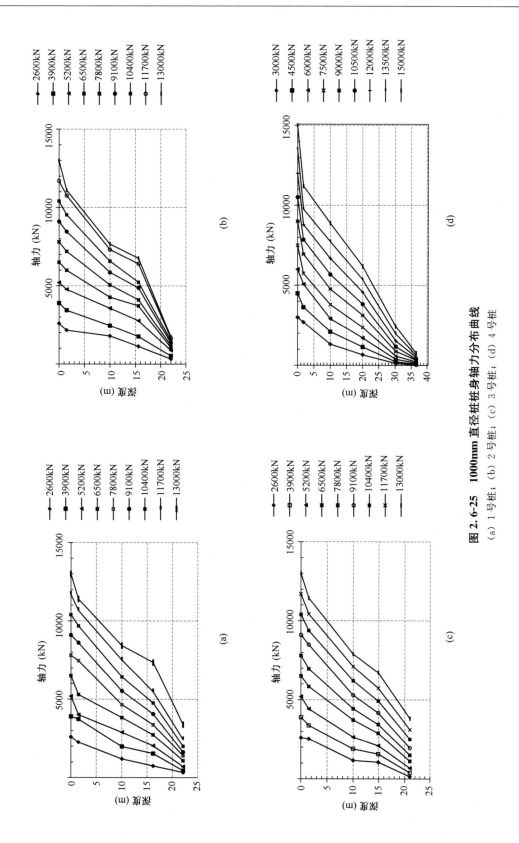

图 2.6-25 1000mm 直径桩身轴力分布曲线

(a) 1 号桩；(b) 2 号桩；(c) 3 号桩；(d) 4 号桩

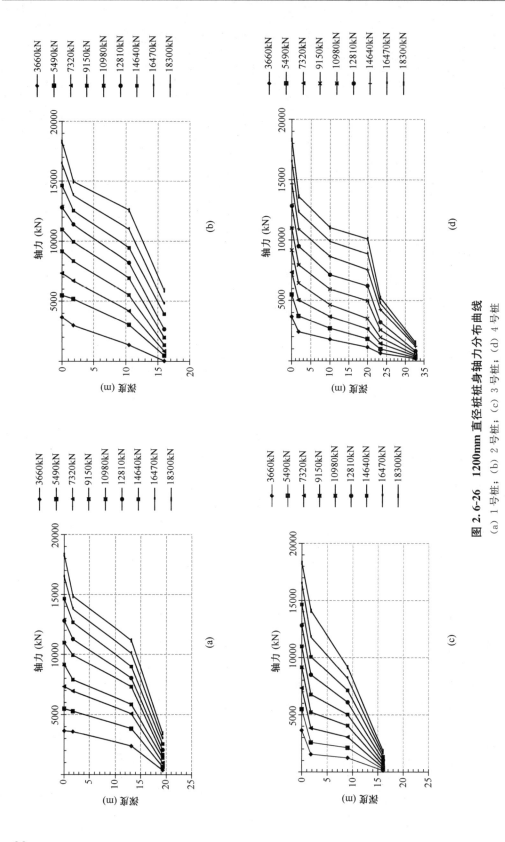

图 2.6-26　1200mm 直径桩身轴力分布曲线

(a) 1 号桩; (b) 2 号桩; (c) 3 号桩; (d) 4 号桩

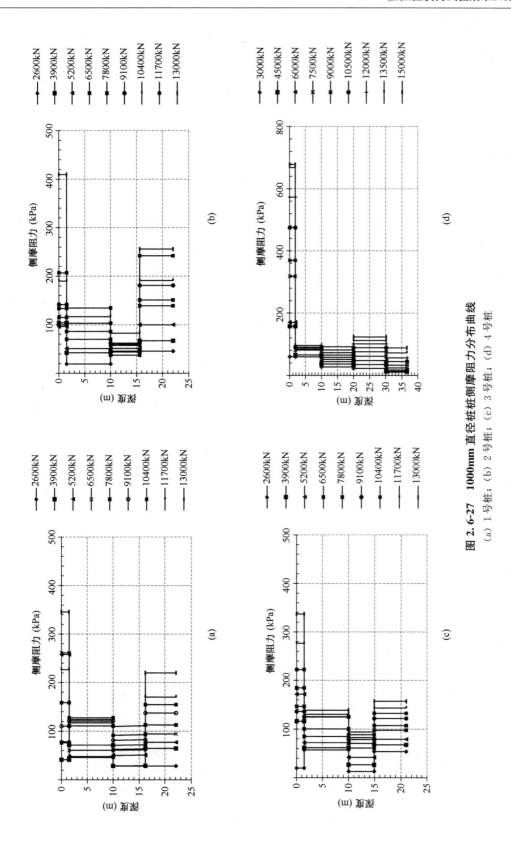

图 2.6-27 1000mm 直径桩侧摩阻力分布曲线
(a) 1 号桩；(b) 2 号桩；(c) 3 号桩；(d) 4 号桩

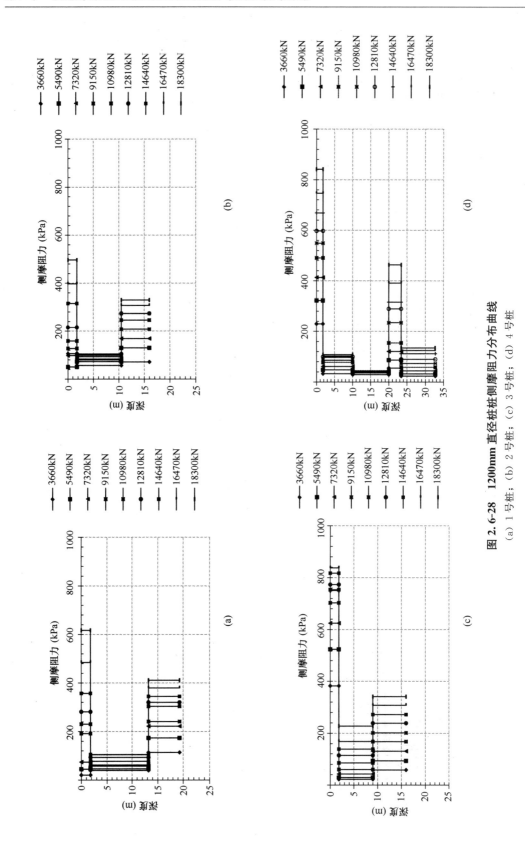

图 2.6-28　1200mm 直径桩侧摩阻力分布曲线
(a) 1 号桩; (b) 2 号桩; (c) 3 号桩; (d) 4 号桩

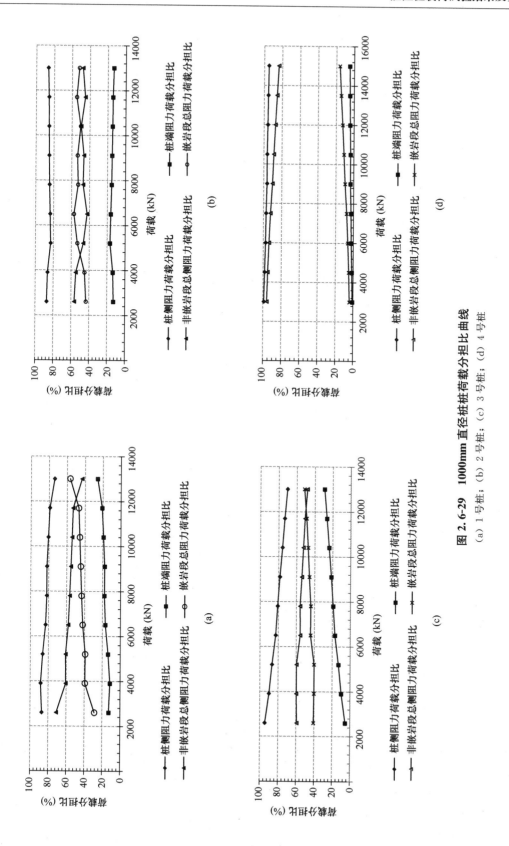

图 2.6-29 1000mm 直径桩桩荷载分担比曲线
(a) 1 号桩; (b) 2 号桩; (c) 3 号桩; (d) 4 号桩

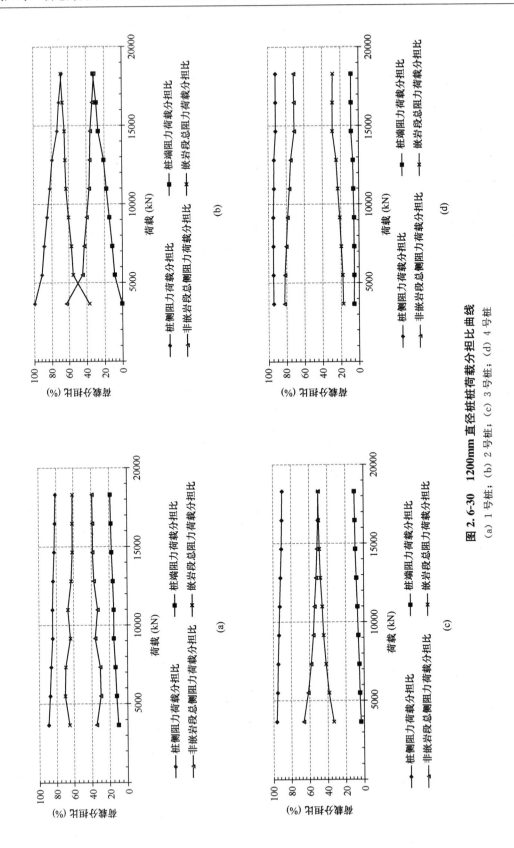

图 2.6-30　1200mm 直径桩桩荷载分担比曲线
(a) 1 号桩；(b) 2 号桩；(c) 3 号桩；(d) 4 号桩

对于桩长 33.2～37.1m 的长桩，与短桩主要区别是嵌岩段桩侧阻力很小，单桩承载力主要贡献段为桩顶以下 0～10.0m 范围。

侧摩阻力的发挥与岩性有关，本场地泥岩含量高，0～10.0m 段侧摩阻力增强效应小。在静载荷试验单桩承载力特征值作用下，各桩型桩身侧摩阻力汇总如表 2.6-16 所示。

静载单桩承载力特征值下不同桩型桩身极限侧摩阻力汇总表　　表 2.6-16

桩型	桩身侧摩阻力平均值（kPa）		
	L_1（0～10m）	L_2（10～30m）	嵌岩段
桩长 16.5～22.6m	92.0	51.6	158.0
桩长 33.2～37.1m	118.7	53.4	41.3

如图 2.6-29 和图 2.6-30 将荷载分担比按两种情况进行对比，桩侧与桩端阻力荷载分担比和嵌岩段总阻力与非嵌岩段总阻力分担比，数据汇总详见表 2.6-17。

桩侧、桩端荷载分担比汇总表　　表 2.6-17

桩号	桩长（m）	桩侧与桩端阻力荷载分担比（%）		嵌岩段总阻力与非嵌岩段总阻力分担比（%）		选桩依据
		桩侧	桩端	非嵌岩段	嵌岩段	
1000-1	22.6	89～74	11～26	71～43	29～57	基岩强度低
1000-2	22.5	87～83	13～17	56～43	44～57	基岩面坡度陡
1000-3	21.5	95～71	5～29	60～48	40～52	基岩强度低，基岩面坡度陡
1000-4	37.1	99～95	1～5	96～84	4～16	填土厚
1200-1	19.8	90～81	10～19	39～30	61～70	基岩强度相对较高
1200-2	16.5	99～68	1～32	63～31	37～69	基岩强度低，基岩面坡度陡
1200-3	16.5	96～90	4～10	67～50	33～50	基岩强度低
1200-4	33.2	95～92	5～8	82～71	18～29	填土厚

由表 2.6-17 可知，场地土质改良后，桩侧正摩阻力发挥作用明显，在静载荷试验单桩承载力特征值作用下，桩身侧摩阻力发挥作用很大，桩长 16.5～22.6m，桩侧荷载分担比为 83%～94%，非嵌岩段总侧阻力荷载分担比 36%～58%，这说明短桩承载过程中，嵌岩段阻力分担主要荷载；桩长 33.2～37.1m，桩侧荷载分担比 95%～97%，非嵌岩段总侧阻力荷载分担比 79%～92%，这说明长桩承载过程中，非嵌岩段分担主要荷载，而在正常使用过程中，应考虑不利因素对桩侧摩阻力的影响，折减降低单桩竖向承载力作为正常使用工况设计参数。

2.6.4 单桩承载力计算综合分析

本次以桩径、桩长、桩端持力层为变因素，通过三组试验、采用多种测试手段获得了岩基承载力、桩端岩芯无侧限抗压强度、静载荷极限承载力、桩端沉降、桩身内力。因此，结合获得的参数、按现有规范采取不同试验指标值计算分析，并提出了本场地经高能量强夯后嵌岩桩单桩承载力计算公式。

1.《建筑桩基技术规范》JGJ 94—2008

（1）按实测 f_{rk} 计算单桩承载力

桩端置于完整、较完整基岩的嵌岩桩单桩竖向极限承载力，由桩周土总极限侧阻力和嵌岩段总极限阻力组成，当根据岩石单轴抗压强度确定单桩竖向极限承载力标准值时，可按下列公式计算：

$$Q_{uk} = Q_{sk} + Q_{rk} \tag{2.6-1}$$
$$Q_{sk} = u \sum q_{sik} l_i \tag{2.6-2}$$
$$Q_{rk} = \xi_r f_{rk} A_p \tag{2.6-3}$$

式中：Q_{sk}、Q_{rk}——分别为土的总极限侧阻力、嵌岩段总极限阻力（kN）；

　　　　q_{sik}——桩周第 i 层土的极限侧阻力（kPa）；

　　　　f_{rk}——桩端岩样天然湿度单轴抗压强度标准值（kPa）；

　　　　ξ_r——嵌岩段侧阻和端阻综合系数，具体取值参照《建筑桩基技术规范》JGJ 94—2008 中表 5.3.9。

（2）单桩承载力计算结果

在试验工况下，桩侧发挥正摩阻力，而在桩基正常使用状态下，由于场地填土岩性及水的影响，可能呈负摩阻力，且建筑物的防微振要求不容许基底土沉降而造成底板脱空，故本次计算不计桩侧土摩阻力，即 $Q_{sk}=0$，只计嵌岩段总阻力作为单桩承载力。

由计算结果（表 2.6-18）可知，按各桩型实测 f_{rk} 标准值的平均值代入公式计算可得单桩承载力特征值，与设计计算值基本一致。

嵌岩桩按 f_{rk} 计算单桩承载力特征值结果分析　　表 2.6-18

桩号	$1.2\zeta_r$	实测 f_{rk} 均值（MPa）	Q_{rk}（kN）	单桩承载力特征值分析（kN）		
				实测计算值	设计计算值	静载试验值
800-1	1.89	5.13	4874			
800-2	1.88	5.13	4848			
800-3	1.91	5.13	4925	2446	2600	4000
800-4	1.91	5.13	4925			
平均值			4893			
1000-1	1.89	5.23	7763			
1000-2	1.89	5.23	7763	3889	4200	6500
1000-3	1.90	5.23	7805			
平均值			7777			
1200-1	1.90	5.10	10959			
1200-2	1.90	510	10959	5480	6100	9150
1200-3	1.90	5.10	10959			
平均值			10959			

2. 重庆市《建筑地基基础设计规范》DBJ 50—047—2016

（1）根据实测 f_{uk} 值计算单桩承载力

对岩质地基

$$Q_{uk} = Q_{sk} + Q_{rk} \tag{2.6-4}$$

$$Q_{sk} = u \sum \varphi_{si} q_{sik} l_i \tag{2.6-5}$$

式中：Q_{uk}——单桩竖向极限承载力标准值（kN）；

Q_{sk}——土的总极限侧阻力标准值（kN）；

Q_{rk}——嵌岩段总极限阻力标准值（kN）；

φ_{si}——大直径桩侧阻力尺寸效应系数。对黏性土、粉土 $(0.8/d)^{1/5}$，对砂土、碎石类土取 $(0.8/d)^{1/3}$（d 为桩身直径），强风化岩石取 1.0；

q_{sik}——桩侧第 i 层土的极限侧阻力标准值（kPa）；

u——桩身周长（m）；

干作业成孔且清底干净的嵌岩桩，嵌入完整、较完整岩石段总极限阻力标准值，根据现场载荷试验确定，嵌岩深度大于 1 倍桩径时，可按下列公式计算：

$$Q_{rk} = 1.2 \beta f_{uk} A_p \tag{2.6-6}$$

式中：f_{uk}——现场载荷板试验所得桩端地基极限承载力标准值，根据岩基载荷试验取值 9674kPa；

A_p——嵌岩段桩端横截面面积（m²）；

β——考虑嵌固力影响后的承载力综合系数，β 取 1.525。

（2）单桩竖向承载力特征值

$$R_a = \frac{1}{K} Q_u \tag{2.6-7}$$

式中：R_a——单桩竖向承载力特征值（kN）；

K——安全系数，按式（2.6-6）计算单桩竖向极限承载力时，$K=3$。

（3）单桩承载力计算结果

如表 2.6-19 所示，采用试验值 f_{uk} 计算得单桩承载力特征值大于设计计算值，小于静载试验特征值。

嵌岩桩单桩承载力特征值计算结果分析　表 2.6-19

桩型	桩号	f_{uk} 计算 Q_{rk}（kN）	单桩承载力特征值分析（kN）		
			f_{uk} 计算值	设计计算值	静载试验值
JZCC-1	800-1～800-4 号	8899	2966	2600	4000
JZCC-2	1000-1～1000-4 号	13904	4635	4200	6500
JZCC-3	1200-1～1200-4 号	20022	6674	6100	9150

3. 静载试验结果分析

本次三组试验中，800mm、1000mm 及 1200mm 直径桩最大沉降量平均值分别为 12.5mm、12.5mm 及 8.4mm，且小于 40mm 的极限值，从单桩 Q-s 曲线形态上来看，各桩均呈现线渐变状态，无明显陡降，极限承载力还具有一定的储备。

按静载荷试验确定单桩承载力特征值均大于实测 f_{rk} 与 f_{uk} 计算所得单桩承载力特征值值。其主要原因在于桩侧阻力的作用，原位试验工况下桩侧阻力起到正摩阻力作用，而试验表明桩侧摩阻力分担了大部分桩顶荷载。

4. 推荐计算公式

经过对桩身轴力、桩侧摩阻力、不同深度桩身截面应力变化规律的分析，土质改良后，桩身非嵌岩段提供侧阻力分担较大比例，因此，为结构设计计算单桩承载力提供计算参数，且能与勘察报告有关参数相协调，借鉴相关资料和手册计算思路，提出以《建筑桩基技术规范》JGJ 94—2008 有关大直径嵌岩桩单桩承载力计算公式形式为基础的计算参数，并引入嵌岩桩桩端承载力综合发挥系数 C。推荐计算公式如下：

$$Q_{uk} = Q_{sk} + CQ_{rk} \qquad (2.6\text{-}8)$$

$$Q_{sk} = u \sum q_{sik} l_i \qquad (2.6\text{-}9)$$

$$Q_{rk} = \xi_r f_{rk} A_p \qquad (2.6\text{-}10)$$

式中：Q_{sk}——总极限侧摩阻力标准值，Q_{sk} 取实测桩侧摩阻力建议值（kPa）；

Q_{rk}——嵌岩段总极限阻力标准值（kPa）；

q_{sik}——桩周土第 i 层土极限侧阻力建议值（kPa）；

f_{rk}——中等风化泥岩天然单轴抗压强度标准值（kPa）；

ξ_r——嵌岩段侧阻和端阻综合系数；

C——综合发挥系数，为小于 1.0 的系数，详见表 2.6 20。

根据以上公式，针对本场地，各种桩型单桩承载力特征值计算及建议值见表 2.6-20。

单桩承载力计算及建议值　　　　　　　　　　　　表 2.6-20

| 桩型 | 桩号 | 桩径 (m) | 桩长 (m) | 单桩承载力特征值（kN） | | | C | $Q_{sk}+C \cdot Q_{rk}$ (kN) | 建议承载力计算特征值 R_a（kN） |
				设计计算值	f_{uk} 计算值	静载试验值			
JZCC-1	800-1	0.8	16.4	2600	2966	4000			3072
	800-2	0.8	13.8						3057
	800-3	0.8	15.3						3101
	800-4	0.8	12.7						3101
JZCC-2	1000-1	1	22.6	4200	4635	6500	0.56	10027	5013
	1000-2	1	22.5				0.56	10027	5013
	1000-3	1	21.5				0.56	10065	5032
	1000-4	1	37.1			7500	0.11	10485	5242
JZCC-3	1200-1	1.2	19.8	6100	6674	9150	0.69	14521	7260
	1200-2	1.2	16.5				0.69	14475	7237
	1200-3	1.2	16.5				0.69	14521	7260
	1200-4	1.2	33.2				0.16	14612	7306

5. 综合分析

建议单桩承载力特征值如表 2.6-21 所示。

建议单桩承载力特征值　　　　　　　　　　　　表 2.6-21

桩型	JZCC-1 型 800mm 桩径	JZCC-2 型 1000mm 桩径	JZCC-3 型 1200mm 桩径
建议单桩承载力特征值（kN）	3000	5000	7100
单桩承载力提高（%）	15.38	19.05	16.39

2.7 结论

2.7.1 土质改良结论

（1）场地填土为爆破开山无序回填，填土岩性主要为泥岩、砂岩，具有大粒径、大孔隙、不均匀性等特点，土质改良采用高能量强夯处理，地基土可得到很好加固。

（2）土石方应分层回填，每层回填厚度不大于 5m，回填材料应严格控制块石粒径和块石含量，块石最大粒径不超过 80cm，块石含量不超过 50%。

（3）土质改良采用单击夯击能 15000kN·m，影响深度约 15.0m，建议单点夯击次数 8~10 击，分层平均夯沉量约 0.8m；单击夯击能 10000kN·m，影响深度约 10.0m，建议单点夯击次数 10~12 击，分层平均夯沉量 1.0m。

（4）经强夯处理后地基土的承载力特征值建议取 200kPa，变形模量取 15.0MPa，超重型动力触探（N_{120}）平均击数不小于 7 击。

2.7.2 灌注桩试验结论

（1）高能量强夯能够有效地改良土质，提高土的密实度，使桩身上段 0~10.0m 加固深度范围桩侧摩阻力表现出"超强效应"，大幅度提高单桩承载力。

（2）灌注桩施工采用旋挖钻机成孔，水下灌注混凝土，混凝土充盈系数为 1.15。

（3）高填方地基土在试验工况下单桩静载荷试验所得的单桩承载力特征值大于设计计算值，其中桩侧摩阻力分担大部分荷载。而在正常使用工况下，应考虑建筑防微振以及可能产生的自重湿陷性沉降等因素对桩侧摩阻力的影响，对试验单桩承载力特征值进行折减。

（4）建议单桩承载力特征值分别取：3000kN（800mm 直径）、5000kN（1000mm 直径）、7100kN（1200mm 直径），桩端持力层置于中风化岩不小于 5d（d 为桩直径）。

（5）局部基岩强度低、岩面陡区域，设计桩长应适当加长。

第3章 一般第四系黏性土水下钻孔灌注桩承载力试验与实践

本章以京东方武汉 B17 新型半导体显示器件及系统项目为依托，着重介绍了针对深厚第四系沉积黏性土夹砂地层大直径水下钻孔灌注桩在工程设计与施工中所关注的问题而展开的现场原位试验研究。该场地地表分布众多的沟、河、鱼塘、藕塘，稳定基岩埋深超过 60m。对于如此大的工程建设项目，如何进行桩基设计，如何提高单桩承载力、减少桩基数量、降低建设投资、缩短建设周期，以及大规模桩基施工时如何控制施工质量，都是项目业主特别关注的问题。通过现场水下钻孔灌注桩原位单桩静载荷试验，对护壁泥浆、沉渣厚度、桩侧桩端后注浆设置对单桩承载力的影响进行了试验研究，提出了经桩端、桩侧后注浆的单桩承载力分项综合提高系数，也验证了采用有机泥浆对孔壁稳定性以及孔底沉渣起到很好的控制效果，减少了泥浆排放量，有利于保护环境。

3.1 概述

3.1.1 工程概况

武汉高世代薄膜晶体管液晶显示器件（TFT-LCD）生产线项目位于武汉市东西湖区，西临硚孝高速，东侧为张柏路，北侧为外环线，南侧为在建的京东方大道。具体位置详见图 3.1-1。

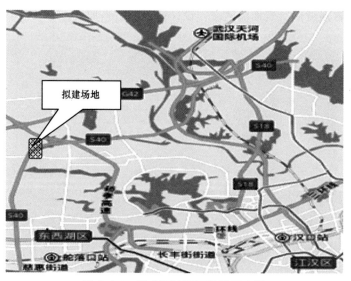

图 3.1-1 拟建场地平面位置示意图

拟建厂房主要由 1 号阵列厂房、2 号彩膜及成盒厂房、3 号成盒及模组厂房、中央动力厂房（CUB）、化学品车间、配套玻璃厂用、立体仓库、废水处理站、化学品库、资源回收站等组成。

场区目前在进行勘察和场地平整回填工作，由于场地鱼塘、水坑分布面积较大，淤泥较厚，根据总图竖向设计要求，大部分场地需进行回填处理，回填料多为现场削坡土方，主要由黏性土组成，回填时大部分推填而成，结构松散、均匀性较差，厚度 2.0~6.0m，正式施工前应进行必要的地基处理。勘察深度揭示的填土层以下地层分布主要以粉质黏土、粉细砂夹粉质黏土、粉细砂、砾砂、圆砾、粗砂、泥岩为主，地层分布较均匀，厚度变化不大。1 号阵列厂房、2 号彩膜及成盒厂房、3 号成盒及模组厂房、CUB 等柱下荷载大、变形敏感，且设备厂房要求具有防微振能力，故主要厂房设计采用桩基础形式。

根据对场地地层的分析，影响水下灌注桩成桩的主要因素为：（1）④₁ 粉细砂夹粉质黏土层，黏聚力差，容易塌孔；（2）部分鱼塘未清淤直接回填，此地层容易塌孔；（3）④₁ 层和淤泥层塌孔严重，旋挖钻孔干孔工艺基本排除，需要采用旋挖钻孔泥浆护壁工艺或者有机泥浆护壁工艺；（4）地下水位较浅，施工采用泥浆护壁工艺，用水量大；（5）场地③层局部夹铁锰质结核或胶结状的粗、砾砂，钻进困难。因此决定通过现场水下钻孔灌注桩原位试验来对比、分析相关参数及工艺，从而达到优化桩基础设计的目的。

3.1.2 现状地形、地物条件

拟建场地现状地形起伏较大，场地地面标高变化在 20.381~27.845m 之间，总体呈东南高，西北低的地势。现有居民区及厂房尚未拆除，局部有建筑垃圾及生活垃圾，场地分布较多水塘与水沟，大部分水塘中水已排干，塘底存在大量淤泥，厚度 1.0~5.0m，勘察期间场地正在进行清淤、回填等整平工作，勘察与现场整平施工目前同时在作业。场地航拍图及场地现状详见图 3.1-2~图 3.1-6。

图 3.1-2 工程场地现状图

图 3.1-3 场地回填

图 3.1-4 鱼塘清淤

图 3.1-5 未拆民居

图 3.1-6 现场分布水沟

3.1.3 地层岩性

根据野外钻探、原位测试及室内土工试验成果的综合分析，本次勘察揭露 67.0m 深度范围内的地层为：表层为人工填土，其下为一般第四系成因的黏性土、砂土，再下为志留系泥岩。

场地内各土层详细描述如下：

（1）填土层（Q^{ml}）

①$_1$ 层素填土：黄褐色—褐灰色，稍密，稍湿，以粉质黏土为主，含少量建筑垃圾等，为新近堆填形成，密实度及厚度不均匀。

①$_2$ 层杂填土：杂色，稍密，稍湿，以建筑垃圾为主，含有砖块、碎石、混凝土碎块等，夹少量黏性土，局部为生活垃圾，该层主要分布于原有建筑物拆迁区域。

（2）一般第四系全新统冲积层（Q_4^{al}）

②层粉质黏土：黄褐色—灰褐色，湿，可塑，含少量铁锰质氧化物，土质均匀、切面稍光滑，无摇振反应，干强度、韧性中等。该层在场地内分布较广。

（3）一般第四系晚更新世冲洪积层（Q_3^{al+pl}）

③$_1$层粉质黏土：黄褐色—棕红色，可塑—硬塑，局部坚硬，切面稍光滑，干强度高，韧性高，局部含铁锰氧化物，白色、黄色高岭土团块。

③$_2$层粉质黏土：黄褐色—棕红色，硬塑，局部坚硬，切面稍光滑，干强度高，韧性高，见大量铁锰氧化物，局部含白色、黄色高岭土团块。

③$_3$层粉质黏土：青灰色—灰白色，可塑—硬塑，以粉质黏土为主，夹有粉细砂薄层，粉细砂呈中密状，二者互层分布。局部含白色、黄色高岭土团块及少量砾石。

④$_1$层粉细砂夹粉质黏土：褐黄色—灰黄色，粉细砂呈饱和，中密状态，局部密实。粉质黏土摇振反应中等，无光泽反应，干强度低，可塑—硬塑状态。粉细砂与粉质黏土呈混合状分布。

④$_2$层细砂：褐黄色—灰黄色，饱和，中密—密实，黏性土含量较高，矿物成分为石英、长石、云母等。

④$_3$层砾砂：杂色，饱和，密实，主要矿物成分以长石、石英、云母为主，局部含少量圆砾，粒径 1～3cm，局部为胶结状。

④$_4$层圆砾：杂色，密实，母岩成分以花岗岩、砂岩、灰岩等为主，颗粒呈次圆状，粒径 1～6cm，最大约 10cm，含量约 65%，中粗砂填充。

⑤$_1$层细砂：褐灰色—青灰色，饱和，中密—密实，黏性土含量较高，矿物成分为石英、长石、云母等。局部含砾砂，夹木炭、植物腐殖物。

⑤$_2$层粉质黏土：褐灰色—青灰色，硬塑，局部坚硬，切面稍光滑，干强度高，韧性高，含铁锰氧化物及有机质，局部夹粉细砂及植物腐殖物薄层。

⑤$_3$层粗砂：褐灰色—青灰色，饱和，密实，矿物成分为石英、长石、云母等。局部含少量圆砾，粒径 5～15mm，最大 60mm。

（4）志留系（S）

⑥层强风化泥岩：青灰色，泥质结构，层状构造，节理裂隙发育，岩芯呈块状。

⑦层中风化泥岩：青灰色，泥质结构，层状构造，节理裂隙发育，岩芯呈块状及柱状。

3.1.4 水文地质条件

拟建场地内存在大面积藕塘、鱼塘，水深 1.0～3.0m，勘察期间场地正在进行场平，部分藕塘、鱼塘已进行放水清淤工作。

本次勘察钻探深度（67.0m）范围内有两层地下水，场地内地下水类型主要为上层滞水、承压水、基岩裂隙水。

上层滞水：主要赋存于人工填土及沟塘底部，以大气降水、渗水为主要补给方式，以蒸发为主要排泄方式。水位及水量受季节性降水影响较大，总体水量较小。

承压水：主要赋存于④$_1$层粉细砂夹粉质黏土、④$_2$层细砂、④$_3$层砾砂、④$_4$层圆砾、④$_5$层粗砂、④$_6$层粗砂、⑤$_1$层细砂及⑤$_3$层粗砂中，与区域承压含水层连通，由层间侧向径流补给。

基岩裂隙水：主要赋存于下部强风化—中风化的泥岩中，其赋存条件受裂隙发育情况等因素影响，其主要补给来源为上部水体渗透。

该场地内地下水位以上土层有干湿交替作用，对混凝土结构具有微腐蚀性，对钢筋混凝土结构中的钢筋具有微腐蚀性。

3.2　灌注桩试验方案简介

3.2.1　试验目的

(1) 验证旋挖钻孔灌注桩成桩工艺对场地地层的可行性和适用性；

(2) 确定钻孔灌注桩的单桩竖向抗压承载力（以④₁层粉细砂夹粉质黏土层为桩端持力层）；

(3) 验证后注浆对单桩承载力的影响；

(4) 通过桩身内力及变形测试，测定桩侧、桩端阻力。

3.2.2　试验内容

主要试验内容如下：

(1) 单桩竖向静载荷试验（Q-s 曲线）；

(2) 单桩桩身应力测试；

(3) 旋挖成孔工艺在场地的适宜性试验（成孔效率、混凝土充盈系数等）；

(4) 泥浆试配，选取合适的泥浆材料及配比；

(5) 单桩完整性检测（声波检测）。

3.2.3　试验桩试验步骤

根据试验目的及内容，确定试验步骤如下：

(1) 选定试验区，要求试验区域有代表性且不影响后续施工。

(2) 场地的平整与复测

对试桩区域进行场地平整，平整标高高于桩顶设计标高至少 1.0m。

(3) 灌注桩、后注浆施工

灌注桩施工前应提前制作钢筋笼，钢筋笼的制作过程中需特别注意桩身试验元器件的埋深，并在桩顶预留出测试元器件的端头。对声测管、注浆管绑扎固定牢靠，端部加塞保护。

(4) 桩体养护

对已成桩的试验桩进行养护。预留足够的养护龄期使桩身达到足够的设计强度即可进行下一步的工作。施工时每根桩应制作至少 3 组试块，试桩制作应采用振动台振密，在现场与桩身养护条件相似的环境内养护，试验前根据试块实测抗压强度确定是否可进行下一工序工作。

桩顶还需制作压桩的桩帽，为留给桩帽混凝土足够的养护时间，灌注桩施工完成后应尽快开挖桩头，并在凿桩头后尽快制作桩帽。

(5) 桩身完整性检测、单桩静载荷试验

采用声波法进行桩身完整性检测；然后进行单桩静载荷试验，对单桩承载力、桩身应力等指标进行测量。

（6）成果整理分析，计算相关参数。

3.2.4 钻孔灌注试验桩设计

本工程试验桩由中国电子工程设计院试桩任务书中的桩径、桩长、单桩承载力预估特征值进行设计，考虑到场地条件、工期、试桩分布的区域，采用重块堆载试验法进行试验。

本次试验在场内布置 8 根直径 1000mm 的端承摩擦桩，6 根直径 800mm 的端承摩擦桩。试桩施工总平面具体分布见图 3.2-1；试验场地地质剖面及各工况示意见图 3.2-2。

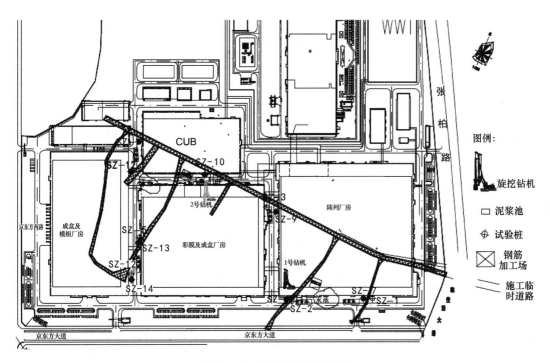

图 3.2-1　试桩施工总平面图

（1）SZ1～SZ6 为端承摩擦桩，桩径 800mm，设计参数见表 3.2-1。

SZ1～SZ6 试验桩设计参数汇总表　　　　　　　　　　　　　　表 3.2-1

桩位	混凝土强度等级	设计承载力特征值（kN）	静载试验最大荷载值（kN）	桩径 D（mm）	桩长（m）	后压浆位置	保护层厚度（mm）
SZ1、SZ2、SZ4、SZ5	C40	2500	7500	800	30.0	桩端＋桩侧	50
SZ3、SZ6						不注浆	

（2）SZ7～SZ14 端承摩擦桩，桩径 1000mm，设计参数见表 3.2-2。

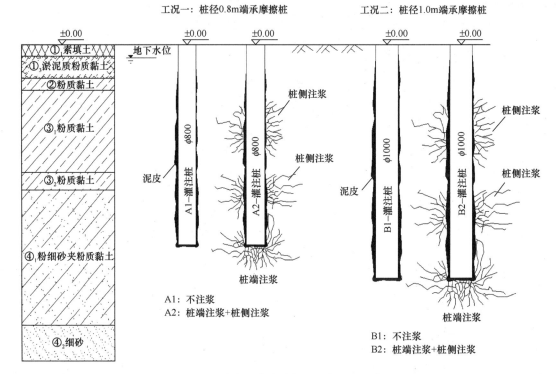

图 3.2-2 试验场地地质剖面及各工况示意图

SZ7～SZ14 试验桩设计参数汇总表 表 3.2-2

桩位	混凝土强度等级	承载力特征值（kN）	静载试验最大值（kN）	桩径 D（mm）	桩长（m）	后压浆位置	保护层厚度（mm）
SZ7、SZ11、SZ13	C40	3400	10200	1000	35.0	桩端＋桩侧	50
SZ8、SZ9、SZ12		3200	9600				
SZ10		3400	10200			不注浆	
SZ14		3200	9600			不注浆	

各试验桩根据勘察资料及现状地表标高细化后，得出参数见表 3.2-3。

试验桩实际参数表 表 3.2-3

桩号	对应勘察孔号	桩径（mm）	现状地表标高（m）	施工桩长（m）	备注
SZ1	1412	800	23.78	30.2	
SZ2	1402	800	25.49	30.1	
SZ3	879	800	23.11	30.2	
SZ4	662	800	23.28	30	
SZ5	810	800	23.36	30.3	
SZ6	1331	800	23.24	30.1	
SZ7	1410	1000	23.67	35.1	SZ3、SZ6、SZ10、SZ14 桩不进行后注浆工艺
SZ8	1453	1000	25.57	35	
SZ9	879	1000	23.26	35.2	
SZ10	662	1000	23.31	35.2	
SZ11	393	1000	23.49	35.2	
SZ12	655	1000	24.41	35.5	
SZ13	810	1000	23.25	35.2	
SZ14	1331	1000	23.65	35.2	

3.2.5　后注浆设计参数

1. 后压浆工艺参数

根据设计要求，本次试桩除 SZ3、SZ6、SZ10、SZ14 四根桩不采取后注浆外，其余均采用桩侧、桩端后注浆工法。后注浆的目的主要为固化桩端沉渣、增强侧阻力及端阻力、减少桩基沉降量。

桩端后压浆设置：后注浆试验桩桩端对称设置 2 根 $\phi25mm$ 无缝钢管绑扎于钢筋笼上，无缝钢管采用丝扣方式连接，钢管底端各安装一个单向止逆注浆阀，伸出钢筋笼底（桩端）20cm。注浆管不得松动上下窜，严禁超钻导致注浆阀埋入混凝土。

桩侧后压浆设置：后注浆试验桩桩侧均设 1 根注浆导管，桩侧注浆阀设置在④₁层粉细砂夹粉质黏土层顶部，注浆导管为 $\phi25mm$，下端通过三通与花瓣形加筋 PVC 注浆管阀相连。

2. 后压浆装置的要求

（1）注浆管及注浆阀的要求

后注浆钢管采用普通无缝钢管，壁厚不小于 2.0mm。

后注浆阀应具备下列性能：

① 注浆阀保护膜应能承受 2.0MPa 以上静水压力；注浆阀外部保护层应能抵抗砂石等硬质物的剐撞而不致使管阀受损；

② 注浆阀应具备逆止功能。

（2）注浆导管的连接

一般采用管箍连接或套管焊接两种方式。管箍连接方式操作简单，适用于钢筋笼运输和放置过程中挠度较小的情况，否则应采用套管焊接。焊接套管直径应大于注浆导管，焊接必须连续密闭，焊缝饱满。

3. 后注浆注浆量计算

单桩注浆量的设计应根据桩径、桩长、桩端桩侧土层性质、单桩承载力增幅及是否复式注浆等因素确定，可按下式估算：

$$G_c = \alpha_p d + \alpha_s nd$$

式中：α_p、α_s——分别为桩端、桩侧注浆量经验系数，$\alpha_p = 1.5 \sim 1.8$，$\alpha_s = 0.5 \sim 0.7$；对于卵、砾石，中粗砂取较高值；

n——桩侧注浆断面数；

d——基桩设计直径（m）；

G_c——注浆量，以水泥质量计（t）。

根据上述公式计算结果，对直径 800mm 试验桩每根桩桩侧注浆水泥 0.8t、每根桩桩端注浆水泥量 1.2t，共计水泥用量 2.0t；直径 1000mm 试验桩每根桩桩侧注浆水泥 1.0t、每根桩桩端注浆水泥量 1.5t，共计水泥用量 2.5t。

4. 后压浆有关工艺参数的确定

注浆材料包括外加剂与注浆压力的确定：注浆材料为水泥浆液，水泥采用 P·O42.5 级水泥，水灰比为 0.5 ~ 0.6。注浆压力控制在 2 ~ 10MPa。根据注浆压力的变化和注浆量，实施间歇注浆或终止注浆。

注浆施工时间及顺序：先桩侧后桩端，先外围后内部，多桩侧采用先上后下的顺序，桩侧桩端注浆间隔时间不小于 2h；注浆起始时间可在成桩后 2～30d 进行。

注浆控制条件：质量控制采用注浆量和注浆压力双控法。以水泥压入量控制为主，压力控制为辅。桩底注浆，终止压力不小于 1.5MPa。

3.2.6 声波透射法检测

1. 检测原理及过程

混凝土是由多种材料组成的多相非匀质体。对于正常的混凝土，声波在其中传播的速度是有一定范围的，当传播路径遇到混凝土有缺陷时，如断裂、裂缝、夹泥和密实度差等，声波要绕过缺陷或在传播速度较慢的介质中通过，声波将发生衰减，造成传播时间延长，使声时增大，计算声速降低，波幅减小，波形畸变，利用超声波在混凝土中传播的这些声学参数的变化，来分析判断桩身混凝土质量。声波透射法检测桩身混凝土质量，是在桩身中预埋 2～4 根声测管。将超声波发射、接收探头分别置于 2 根导管中，进行声波发射和接收，使超声波在桩身混凝土中传播，用超声仪测出超声波的传播时间 t、波幅 A 及频率 f 等物理量，就可判断桩身结构完整性。

2. 数据分析与桩身完整性判定

桩身完整性类别结合桩身缺陷处声测线的声学特征、缺陷的空间分布范围，按表 3.2-4 进行判定。

桩身完整性分类表　　　　　　　　　　　　　表 3.2-4

桩身完整性类别	分类原则
Ⅰ	桩身完整
Ⅱ	桩身有轻微缺陷，不会影响桩身结构承载力的正常发挥
Ⅲ	桩身有明显缺陷，对桩身结构承载力有影响
Ⅳ	桩身存在严重缺陷

3.2.7 单桩静载荷试验设计

本次试验按《建筑基桩检测技术规范》JGJ 106—2014 中的"单桩竖向抗压静载试验"执行，采用慢速维持荷载法，采用平台堆载反力装置。一次性将所需配重均匀地摆放在由钢梁组成的平台上，使用千斤顶（2 个 650t 千斤顶或 2 个 800t 千斤顶）配合高压油泵施加反力。载荷试验仪通过安装在千斤顶上的压力传感器和安装在桩头上的位移传感器控制加荷量，自动记录沉降位移，加载、补载均自动完成。多台千斤顶加载时应并联同步工作，且采用的千斤顶型号、规格应相同，千斤顶的合力中心应与桩轴线重合。仪器自动绘制记录 Q-s、s-$\lg t$ 曲线，通过对曲线的分析，确定单桩承载力的特征值。试验技术要求见表 3.2-5～表 3.2-7。

A 组单桩载荷试验加/卸载过程　　　　　　　　　　表 3.2-5

阶段	加载过程及荷载大小（kN）								
加载	1	2	3	4	5	6	7	8	9
	1430	2145	2860	3575	4290	5005	5837	6668	7500

续表

阶段	加载过程及荷载大小（kN）								
卸载	1	2	3	4	5				
	5837	4290	2860	1430	0				

注：1. 本组试桩包括 SZ-1、SZ-2、SZ-3、SZ-4、SZ-5 和 SZ-6；

2. 前 7 级按照 2 倍特征值均分，后 3 级按照特征值再均分。

B 组单桩载荷试验加/卸载过程　　　　　　　　　　　　　　表 3.2-6

阶段	加载过程及荷载大小（kN）								
加载	1	2	3	4	5	6	7	8	9
	1830	2745	3660	4575	5490	6405	7470	8535	9600
卸载	1	2	3	4	5				
	7470	5490	3660	1830	0				

注：1. 本组试桩包括 SZ-8、SZ-9、SZ-12 和 SZ-14 试桩；

2. 前 7 级按照 2 倍特征值均分，后 3 级按照特征值再均分。

C 组单桩载荷试验加/卸载过程　　　　　　　　　　　　　　表 3.2-7

阶段	加载过程及荷载大小（kN）								
加载	1	2	3	4	5	6	7	8	9
	1944	2916	3888	4860	5832	6804	7936	9068	10200
卸载	1	2	3	4	5				
	7936	5832	3888	1944	0				

注：1. 本组试桩包括 SZ-7、SZ-10、SZ-11 和 SZ-13 试桩；

2. 前 7 级按照 2 倍特征值均分，后 3 级按照特征值再均分。

3.2.8　钻芯取样试验

为了进一步检测桩身强度、灌注桩后注浆效果、沉渣厚度，分别对桩身进行混凝土钻芯试验。

结合混凝土桩身超声波测试曲线成果，选取 2 根桩做桩身混凝土钻芯试验。

3.3　试验过程简介

3.3.1　旋挖钻机湿作业与干作业成孔工艺验证

旋挖钻孔灌注桩施工时间：2017 年 11 月 1 日～11 月 9 日。

施工机械采用山河智能 SWDM25 型旋挖钻机，产地为中国湖南；三一重工 SR285R 型旋挖机，产地为中国徐州。

本次所有试验桩（14 根试验桩）均采用旋挖钻机湿作业成孔工艺。

在场地内不同区域试成孔发现：场地内④₁ 层粉细砂夹粉质黏土层顶面距孔口 23～26m，厚度 15～20m，钻孔见水位置距离孔口 18～29m。由于表层回填土、淤泥容易塌孔、缩颈，孔口需要采用长护筒护壁。④₁层粉细砂黏聚力小，遇水后砂粒容易发生流动，干作业钻进过程中孔壁塌落明显，成孔后沉渣较厚，混凝土充盈系数也难以控制，不适合干作业成孔施工。

图 3.3-1 旋挖钻机泥浆护壁钻孔施工

图 3.3-2 东南侧局部区域旋挖钻机干成孔状况

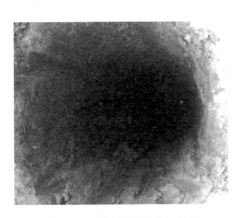

图 3.3-3 西南侧区域旋挖钻机
干成孔状况

图 3.3-4 东南侧局部区域旋挖钻机
干成孔钻孔出土

3.3.2 试验桩和后注浆施工

1. 试验桩施工工艺

试验桩成桩采用"旋挖钻机泥浆护壁水下灌注"工艺。工艺流程：桩位放样→钻机就位→埋设长护筒→钢筋笼制作、验收→制备泥浆→旋挖成孔→验孔、清孔→下放钢筋笼→下放导管→正循环二次洗孔→灌注混凝土→桩身养护。

（1）桩位放线、埋设护筒

按照设计图纸中的控制点放桩位，埋设护筒施工前，先由技术员复测桩位后，方可进行护筒定位（图 3.3-5）。

（2）钢筋笼制作

① 钢筋笼规格及配筋严格按设计图纸进行，按图纸技术要求制作（图 3.3-6）。进场钢筋规格符合要求，并附有厂家的材质证明，现场取样送实验室进行原材及焊接试验检验。

图 3.3-5 护筒埋设 　　图 3.3-6 钢筋笼制作

② 钢筋笼接头、钢筋应力计连接均采用直螺纹套筒连接，加劲箍与钢筋笼采用焊接，HRB400 钢筋采用 E50 焊条。加劲箍对接采用单面搭接焊 10d，外螺旋箍采用绑扎形式。

③ 主筋配筋时，满足每个断面接头数不超过主筋总数的 50%，错开连接、断面间距不小于 1m。

④ 保护层垫块沿钢筋笼周围水平均布，每笼不少于 3 组，每组不少于 3 块。

⑤ 钢筋笼制作质量控制：主筋间距±10mm，箍筋间距±20mm，笼径±10mm，笼长±100mm。笼子成型后，经过验收合格后方可使用。检验合格后的钢筋笼应按规格编号分层平放。

带钢筋应力计的钢筋笼制作（图 3.3-7）：钢筋应力计元件与主筋之间通过螺纹套筒进行连接，具体包括：检测桩身完整性的声测管、测试桩身钢筋轴力的应力计等器件，确保后续试验的需要。

（3）钻机就位

钻机就位后（图 3.3-8），钻头对准桩中心误差控制在 20mm 内，然后调整双向水准泡，保证钻杆垂直，在钻孔过程中，随时注意检查钻杆垂直度并及时调整。钻杆垂直度控制在 0.3% 以内。

图 3.3-7 带应力计的钢筋笼制作 　　图 3.3-8 钻机就位

（4）制备泥浆

因设计试验桩长度较长，达 35.0m，孔径较大，且地层中有填土层、粉细砂层，控制不严容易造成塌孔，因此必须采用护壁泥浆进行护壁。搅浆材料采用黏土粉、膨润土、有机泥浆，泥浆质量符合规范要求。膨润土泥浆（图 3.3-9）相对密度应控制在 1.15～1.20，含砂率≤8%，黏度（s）≤28；有机泥浆（图 3.3-10）质量比控制为有机泥浆：水＝0.04%～0.07%。

图 3.3-9　膨润土泥浆制作

图 3.3-10　有机泥浆制作

（5）旋挖成孔

针对不同的土层，司机应采取不同的进尺与钻进回次。钻头出土须远离孔口，其带出的泥浆应引入预设的回浆池，采用合适的过滤装置，滤去杂质，护壁泥浆可重复使用，减少现场泥浆污染（图 3.3-11）。

（6）验孔、清孔底

钻孔接近完成时，用测绳测定成孔深度，防止超深钻孔，避免钢筋笼放置出现误差（图 3.3-12）。钻孔达到设计标高后，对孔深、孔径进行检查，符合规范要求后方可清孔，准备下钢筋笼。终孔后，若沉渣厚度超过 10cm，则用清底钻头进行孔底沉渣的处理。

图 3.3-11　旋挖钻机成孔

图 3.3-12　验孔、测量孔深

（7）吊放钢筋笼

成孔后，应迅速将钻机移走，尽量缩短终孔与灌注混凝土时间。立即组织人员和吊车进行吊放钢筋笼工序。钢筋笼及笼身上的后注浆设备、测试管件须检查合格后方能使用。钢筋笼吊放（图 3.3-13）采用"多点整体起吊一次下放到底"的工艺。禁止钢筋笼底端拖地，保护后注浆管。

钢筋笼下入孔内后，要确保笼底的注浆阀插入桩端松散土层中大于 200mm，笼体严禁悬挂。用水平仪测量护筒顶高程，确保钢筋笼顶端到达设计标高，随后立即固定。安装钢筋笼完毕到灌注混凝土时间间隔不应大于 4h。

（8）下放导管、正循环洗孔

导管使用前进行试拼，导管内壁应光滑平顺，连接紧直，开始前和使用一段时间后，应打压检查其水密性，防止漏水形成断桩。导管下孔时，必须加密封圈并抹黄油，保证密封，孔内导管必须丈量准确，满足孔深要求。吊装时，导管位于井孔中央，避免挂碰钢筋笼，并在灌注前进行升降试验。坚持实行导管检查鉴证制度。

导管就位、混凝土就位后，立即进行正循环洗孔（图 3.3-14），洗孔采取导管口连接大泥浆泵进行洗孔，洗孔后量测孔内沉渣小于 100mm，才允许灌注混凝土。

图 3.3-13　钢筋笼吊放

图 3.3-14　正循环洗孔

（9）灌注混凝土

采用 C40 的商品混凝土，坍落度要求 18～22cm，有较好的和易性，采用水下混凝土灌注工艺（图 3.3-15）。混凝土进场前需带相应的开盘资料，其中的外加剂、碱离子、氯离子含量等指标需满足规范和本工程要求。混凝土运到灌注点不能产生离析现象，在混凝土浇筑前必须现场检查混凝土坍落度、和易性并记录。

施工中要特别注意以下事项：试桩灌注混凝土时应控制速度，严禁钢筋笼上浮。混凝土灌注前将钢盖板放入料斗中，开始灌注混凝土时，导管底部至孔底的距离宜为 30～50cm，导管埋入混凝土深度宜为 2～6m。严禁将导管提出混凝土灌注面，并应控制提拔导管的速度。施工中应控制最后一次灌注量，桩顶超灌高度宜为 1m。凿除泛浆后必须保证裸露的桩顶混凝土强度达到设计等级。

（10）混凝土试块

现场针对每根试验桩制作 2 组同条件试块（图 3.3-16）和 1 组标准养护试块，为静载试验桩身混凝土强度是否达到相应强度提供相应依据。

图 3.3-15　混凝土灌注　　　　　　　图 3.3-16　同条件混凝土试块

2. 旋挖钻孔灌注桩泥浆配比指标、混凝土充盈系数统计

试验桩工程混凝土充盈系数统计表　　　　　　　　　　　　表 3.3-1

桩位编号	桩长（m）	桩径（m）	理论方量（m³）	实际用量（m³）	充盈系数	泥浆相对密度	黏度（s）
SZ1	30	0.8	15.574	18.5	1.188	1.1	23
SZ2	30	0.8	15.574	19.0	1.22	1.2	26
SZ3	30	0.8	15.574	19.5	1.252	1.16	23
SZ4	30	0.8	15.574	19.0	1.22	1.2	25
SZ5	30	0.8	15.574	19.5	1.252	有机泥浆（0.04%~0.07%）	
SZ6	30	0.8	15.574	19.0	1.22	有机泥浆（0.04%~0.07%）	
SZ7	35	1.0	28.26	34.0	1.203	1.2	24
SZ8	35	1.0	28.26	34.5	1.221	1.2	26
SZ9	35	1.0	28.26	35.0	1.238	1.2	27
SZ10	35	1.0	28.26	34.5	1.221	1.2	26
SZ11	35	1.0	28.26	35.0	1.238	有机泥浆（0.04%~0.07%）	
SZ12	35	1.0	28.26	34.0	1.203	有机泥浆（0.04%~0.07%）	
SZ13	35	1.0	28.26	34.5	1.221	有机泥浆（0.04%~0.07%）	
SZ14	35	1.0	28.26	35.0	1.238	有机泥浆（0.04%~0.07%）	

3. 后注浆施工

后注浆工艺的工艺流程：制作钢筋笼、设置注浆管→检查注浆管质量→安装注浆阀、吊装钢筋笼→检查注浆阀质量→灌注混凝土→配制水泥浆→桩侧注浆、桩端注浆。

注浆参数包括注浆压力、浆液配比、注浆量、流量等参数。正式施工前，应进行试验，确定最终的注浆参数。

（1）注浆参数的选择：注浆材料为水泥浆液，水灰比为 0.50～0.60，注浆流量控制在 50L/min 左右。

（2）桩端注浆终止条件，以注浆量控制为主，压力控制为辅。

图 3.3-17 现场配置水泥浆

图 3.3-18 现场注浆

后压浆注浆量、注浆压力统计　　　　　　　表 3.3-2

序号	桩号	注浆管安设深度（m）		浆液水灰比	冲破压力（MPa）	正常注浆压力（MPa）	终止压力（MPa）	水泥用量（t）	
								单管注浆量	合计
1	SZ9	侧1	26	0.5～0.6	4.2	3.1	3.6	1	
		底A	36	0.5～0.6	4.1	3	3.5	0.7	2.5
		底B	36	0.5～0.6	4.1	3.2	3.7	0.8	
2	SZ4	侧1	21	0.5～0.6	4.2	3	3.5	0.8	
		底A	31	0.5～0.6	4	3.1	3.8	0.6	2
		底B	31	0.5～0.6	4.1	3.1	3.6	0.6	
3	SZ1	侧1	21.2	0.5～0.6	4.2	3.3	3.5	0.8	
		底A	31.2	0.5～0.6	4	3.1	3.7	0.8	2
		底B	31.2	0.5～0.6	4.3	3.1	3.5	0.5	
4	SZ7	侧1	26.1	0.5～0.6	4	3.3	3.6	1	
		底A	36.1	0.5～0.6	4.2	3	3.5	0.8	2.5
		底B	36.1	0.5～0.6	4.1	3.2	3.8	0.7	
5	SZ2	侧1	21	0.5～0.6	4.1	3.1	3.7	0.8	
		底A	31	0.5～0.6	4.3	3	3.5	0.6	2
		底B	31	0.5～0.6	4	3.4	3.6	0.6	

续表

序号	桩号	注浆管安设深度（m）		浆液水灰比	冲破压力（MPa）	正常注浆压力（MPa）	终止压力（MPa）	水泥用量（t）	
								单管注浆量	合计
6	SZ8	侧1	26	0.5~0.6	4.2	3.1	3.6	1	2.5
		底A	36	0.5~0.6	4	3	2.5	0.8	
		底B	36	0.5~0.6	4.1	3.3	3.8	0.7	
7	SZ5	侧1	21.3	0.5~0.6	4.3	3.2	3.6	0.8	2
		底A	31.3	0.5~0.6	4	3.1	3.7	0.6	
		底B	31.3	0.5~0.6	4.2	3.1	3.5	0.6	
8	SZ11	侧1	26.2	0.5~0.6	4.1	3.3	3.7	1	2.5
		底A	36.2	0.5~0.6	4	3	3.5	0.7	
		底B	36.2	0.5~0.6	4.2	3.1	3.8	0.8	
9	SZ12	侧1	26.5	0.5~0.6	4.1	3.2	3.6	1	2.5
		底A	36.5	0.5~0.6	4.1	3	3.5	0.8	
		底B	36.5	0.5~0.6	4	3.4	3.7	0.7	
10	SZ13	侧1	26.2	0.5~0.6	4.4	3.1	3.5	1	2.5
		底A	36.2	0.5~0.6	4	3.3	3.8	0.9	
		底B	36.2	0.5~0.6	4.1	3.2	3.5	0.6	

3.3.3　桩身完整性检测

　　桩身完整性检测采用声波检测法进行，800mm 直径桩设置 2 根通长声测管，1000mm 直径桩设置 3 根通长声测管。

图 3.3-19　桩身完整性检测

3.3.4 单桩竖向静载荷试验

静载荷试验采用堆载法进行，共完成 14 根灌注桩单桩竖向静载荷试验。

图 3.3-20 单桩竖向静载荷试验堆载平台

3.3.5 桩身混凝土钻芯试验

桩身混凝土钻芯试验钻孔了 2 根试验桩，岩芯完整表明水下灌注混凝土质量满足设计要求。

图 3.3-21　取芯试验

3.4　试验桩工作量统计

（1）试验桩工程的主要工程量如下：

钢筋混凝土灌注桩总计完成 14 根；6 根为设置钢筋应力计的水下混凝土灌注桩、其余 8 根为不设置钢筋应力计的水下混凝土灌注桩。

桩端、桩侧后注浆桩共完成了 10 根，注浆水泥材料为 P·O 42.5 级普通硅酸盐水泥。

（2）本试桩试验工作量如表 3.4-1 所示。

试桩试验工作量　　　　　　　　　　　　　表 3.4-1

项目类别	单位	数量	规格	主要指标说明
基桩承载力	台	14	根据桩型，加载量为 7500～10200kN	试验桩基极限承载力
桩身轴力测试	组	6	振弦式钢筋应力计	每组包括 3 个测试单元，用应力检测仪（多通道32点采集仪）测试钢筋应力
桩身完整性	组	14	声波测试管	检测灌注桩桩身完整性
注浆效果鉴别	组	2	钻探取芯	检测桩身混凝土质量及后注浆效果和沉渣情况

3.5　水下钻孔灌注桩试验结果分析

3.5.1　单桩静载荷试验数据及分析结果

本次试验共进行了 14 根试验桩，根据实测数据绘制了荷载-沉降（Q-s）曲线和 s-lg$t$ 时程曲线，并对相关结果进行了分析。

1. 单桩静载荷试验数据

SZ1 静载荷试验汇总表（注浆）   表 3.5-1

序号	荷载（kN）	历时（min）		沉降（mm）	
		本级	累计	本级	累计
1	1430	150	150	2.36	2.36
2	2145	120	270	0.86	3.22
3	2860	150	420	1.08	4.30
4	3575	120	540	0.83	5.13
5	4290	120	660	0.61	5.74
6	5005	120	780	0.76	6.50
7	5837	150	930	1.06	7.56
8	6668	150	1080	1.18	8.74
9	7500	150	1230	1.22	9.96
10	5837	60	1290	−0.21	9.75
11	4290	60	1350	−0.66	9.09
12	2860	60	1410	−0.86	8.23
13	1430	60	1470	−1.09	7.14
14	0	180	1650	−1.02	6.12

最大沉降量：9.96mm；最大回弹量：3.84mm；回弹率：38.55%

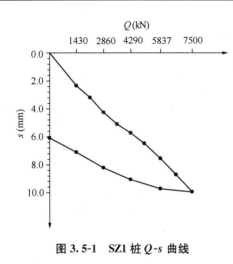

图 3.5-1　SZ1 桩 Q-s 曲线

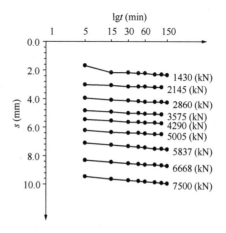

图 3.5-2　SZ1 桩 s-lg$t$ 时程曲线

SZ2 静载荷试验汇总表（注浆）　　　表 3.5-2

序号	荷载（kN）	历时（min）		沉降（mm）	
		本级	累计	本级	累计
1	1430	120	120	0.51	0.51
2	2145	120	240	0.62	1.13
3	2860	120	360	0.80	1.93
4	3575	120	480	0.80	2.73
5	4290	120	600	0.83	3.56
6	5005	120	720	0.77	4.33
7	5837	120	840	0.82	5.15
8	6668	120	960	1.06	6.21
9	7500	150	1110	1.36	7.57
10	5837	60	1170	0.10	7.67
11	4290	60	1230	−0.54	7.13
12	2860	60	1290	−1.18	5.95
13	1430	120	1410	−0.91	5.04
14	0	180	1590	−1.64	3.40

最大沉降量：7.67mm；最大回弹量：4.27mm；回弹率：55.67%

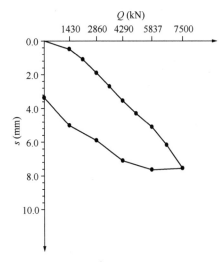

图 3.5-3　SZ2 桩 Q-s 曲线

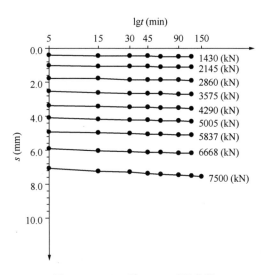

图 3.5-4　SZ2 桩 s-lgt 时程曲线

SZ3 静载荷试验汇总表（未注浆） 表 3.5-3

序号	荷载（kN）	历时（min）		沉降（mm）	
		本级	累计	本级	累计
1	1430	150	150	1.75	1.75
2	2145	180	330	0.42	2.17
3	2860	120	450	0.15	2.32
4	3575	120	570	0.57	2.89
5	4290	120	690	0.90	3.79
6	5005	150	840	1.15	4.94
7	5837	240	1080	3.17	8.11
8	6668	210	1290	6.52	14.63
9	7500	210	1500	13.24	27.87
10	5837	60	1560	−0.26	27.61
11	4290	60	1620	−0.51	27.10
12	2860	60	1680	−0.03	27.07
13	1430	60	1740	−1.34	25.73
14	0	180	1920	−0.23	25.50

最大沉降量：27.87mm；最大回弹量：2.37mm；回弹率：8.50%

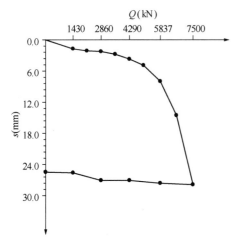

图 3.5-5　SZ3 桩 Q-s 曲线

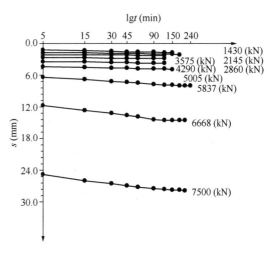

图 3.5-6　SZ3 桩 s-$\lg t$ 时程曲线

SZ4 静载荷试验汇总表（注浆）　　　　　　　　表 3.5-4

序号	荷载（kN）	历时（min）		沉降（mm）	
		本级	累计	本级	累计
1	1430	120	120	0.40	0.40
2	2145	120	240	0.60	1.00
3	2860	120	360	0.66	1.66
4	3575	120	480	0.79	2.45
5	4290	120	600	0.92	3.37
6	5005	120	720	0.72	4.09
7	5837	120	840	1.95	6.04
8	6668	150	990	2.26	8.30
9	7500	150	1140	1.78	10.08
10	5837	60	1200	−0.07	10.01
11	4290	60	1260	−1.11	8.90
12	2860	60	1320	−1.02	7.88
13	1430	60	1380	−0.08	7.80
14	0	180	1560	−0.17	7.63

最大沉降量：10.08mm；最大回弹量：2.45mm；回弹率：24.31%

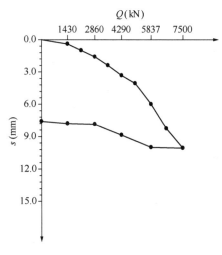

图 3.5-7　SZ4 桩 Q-s 曲线

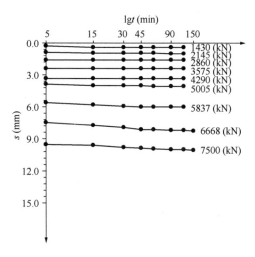

图 3.5-8　SZ4 桩 s-lgt 时程曲线

序号	荷载（kN）	历时（min）		沉降（mm）	
		本级	累计	本级	累计
1	2000	150	150	4.58	4.58
2	3000	120	270	0.97	5.55
3	4000	120	390	0.62	6.17
4	5000	120	510	0.59	6.76
5	6000	150	660	2.83	9.59
6	7000	150	810	3.55	13.14
7	8000	150	960	3.78	16.92
8	9000	150	1110	3.89	20.81
9	10000	150	1260	3.47	24.28
10	8000	60	1320	—0.13	24.15
11	6000	60	1380	—1.82	22.33
12	4000	60	1440	—2.59	19.74
13	2000	60	1500	—2.96	16.78
14	0	180	1680	—2.74	14.04

SZ5 静载荷试验汇总表（注浆） 表 3.5-5

最大沉降量：24.28mm；最大回弹量：10.24mm；回弹率：42.17%

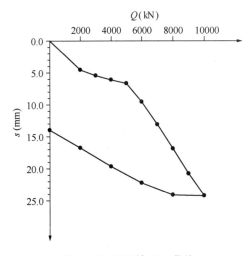

图 3.5-9 SZ5 桩 Q-s 曲线

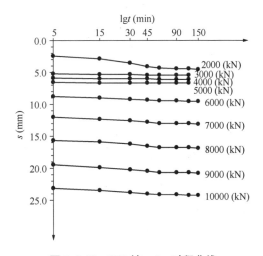

图 3.5-10 SZ5 桩 s-lgt 时程曲线

SZ6 静载荷试验汇总表（未注浆）　　表 3.5-6

序号	荷载（kN）	历时（min）		沉降（mm）	
		本级	累计	本级	累计
1	1430	150	150	1.73	1.73
2	2145	120	270	0.60	2.33
3	2860	120	390	0.61	2.94
4	3575	120	510	0.74	3.68
5	4290	120	630	0.87	4.55
6	5005	180	810	1.58	6.13
7	5837	180	990	2.35	8.48
8	6668	330	1320	4.06	12.54
9	7500	450	1770	10.74	23.28
10	5837	60	1830	−0.10	23.18
11	4290	60	1890	−1.15	22.03
12	2860	60	1950	−2.34	19.69
13	1430	60	2010	−1.98	17.71
14	0	180	2190	−1.45	16.26

最大沉降量：23.28mm；最大回弹量：7.02mm；回弹率：30.15%

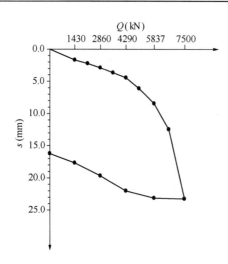

图 3.5-11　SZ6 桩 *Q*-*s* 曲线

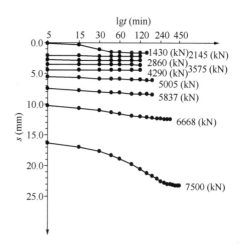

图 3.5-12　SZ6 桩 *s*-lg*t* 时程曲线

SZ7 静载荷试验汇总表（注浆）　　　　　　　　　表 3.5-7

序号	荷载（kN）	历时（min）		沉降（mm）	
		本级	累计	本级	累计
1	1944	120	120	1.41	1.41
2	2916	120	240	0.11	1.52
3	3888	120	360	0.19	1.71
4	4860	120	480	1.16	2.87
5	5832	120	600	1.35	4.22
6	6804	150	750	1.35	5.57
7	7936	180	930	1.59	7.16
8	9068	120	1050	1.48	8.64
9	10200	150	1200	1.75	10.39
10	7936	60	1260	−0.17	10.22
11	5832	60	1320	−0.72	9.50
12	3888	60	1380	−1.30	8.20
13	1944	60	1440	−1.56	6.64
14	0	180	1620	−1.28	5.36

最大沉降量：10.39mm；最大回弹量：5.03mm；回弹率：48.41%

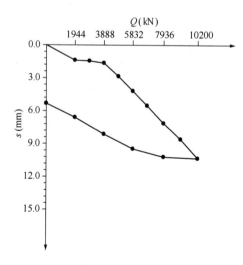

图 3.5-13　SZ7 桩 Q-s 曲线

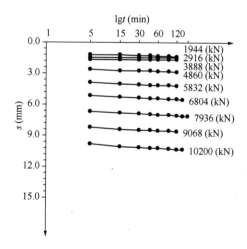

图 3.5-14　SZ7 桩 s-lg$t$ 时程曲线

SZ8 静载荷试验汇总表（注浆）　　　　　表 3.5-8

序号	荷载（kN）	历时（min）		沉降（mm）	
		本级	累计	本级	累计
1	1830	120	120	4.06	4.06
2	2745	120	240	0.49	4.55
3	3660	120	360	0.55	5.10
4	4575	120	480	0.61	5.71
5	5490	120	600	0.68	6.39
6	6405	120	720	0.73	7.12
7	7470	120	840	0.72	7.84
8	8535	120	960	0.68	8.52
9	9600	120	1080	0.39	8.91
10	7470	60	1140	−0.27	8.64
11	5490	60	1200	−0.80	7.84
12	3660	60	1260	−0.85	6.99
13	1830	60	1320	−1.46	5.53
14	0	180	1500	−1.77	3.76

最大沉降量：8.91mm；最大回弹量：5.15mm；回弹率：57.80%（试验过程中触碰到基准梁，导致传感器数据骤变，加到最大值后卸载，待回弹 2h 后，重新加荷）

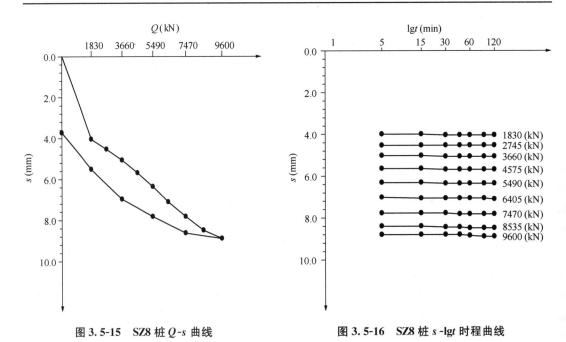

图 3.5-15　SZ8 桩 Q-s 曲线　　　　　　　图 3.5-16　SZ8 桩 s-lgt 时程曲线

SZ9 静载荷试验汇总表（注浆）   表 3.5-9

序号	荷载（kN）	历时（min）		沉降（mm）	
		本级	累计	本级	累计
1	1830	120	120	0.28	0.28
2	2745	120	240	0.40	0.68
3	3660	120	360	0.52	1.20
4	4575	120	480	0.65	1.85
5	5490	120	600	0.55	2.40
6	6405	120	720	0.75	3.15
7	7470	120	840	0.96	4.11
8	8535	120	960	1.05	5.16
9	9600	120	1080	1.29	6.45
10	7470	60	1140	−0.12	6.33
11	5490	60	1200	−0.40	5.93
12	3660	60	1260	−0.60	5.33
13	1830	60	1320	−0.67	4.66
14	0	180	1500	−0.77	3.89

最大沉降量：6.45mm；最大回弹量：2.56mm；回弹率：39.69%

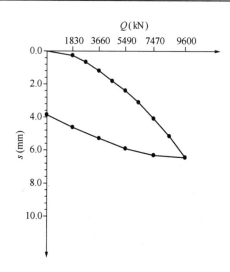

图 3.5-17 SZ9 桩 Q-s 曲线

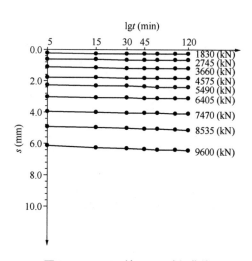

图 3.5-18 SZ9 桩 s-lg$t$ 时程曲线

SZ10 静载荷试验汇总表（未注浆）　　　　　　　　表 3.5-10

序号	荷载（kN）	历时（min）		沉降（mm）	
		本级	累计	本级	累计
1	1944	120	120	2.27	2.27
2	2916	120	240	1.21	3.48
3	3888	120	360	1.31	4.79
4	4860	120	480	1.42	6.21
5	5832	120	600	1.46	7.67
6	6804	120	720	1.51	9.18
7	7936	120	840	3.01	12.19
8	9068	150	990	5.31	17.50
9	10200	120	1110	18.71	36.21

最大沉降量：36.21mm；最大回弹量：0.00mm；回弹率：0.00%

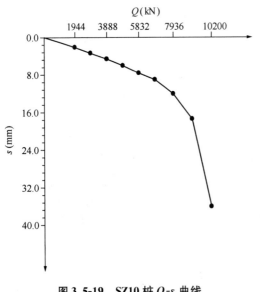

图 3.5-19　SZ10 桩 Q-s 曲线

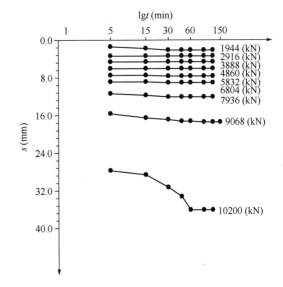

图 3.5-20　SZ10 桩 s-lg$t$ 时程曲线

SZ11 静载荷试验汇总表（注浆）   表 3.5-11

序号	荷载（kN）	历时（min）		沉降（mm）	
		本级	累计	本级	累计
1	2720	150	150	3.69	3.69
2	4080	150	300	2.48	6.17
3	5440	150	450	2.45	8.62
4	6800	150	600	2.61	11.23
5	8160	150	750	2.44	13.67
6	9520	150	900	3.52	17.19
7	10880	150	1050	3.96	21.15
8	12240	150	1200	3.43	24.58
9	13600	120	1320	2.76	27.34
10	10880	60	1380	−0.10	27.24
11	8160	60	1440	−0.30	26.94
12	5440	60	1500	−1.11	25.83
13	2720	60	1560	−2.23	23.60
14	0	180	1740	−2.74	20.86

最大沉降量：27.34mm；最大回弹量：6.48mm；回弹率：23.70%

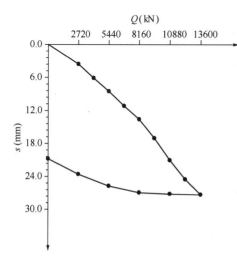

图 3.5-21　SZ11 桩 Q-s 曲线

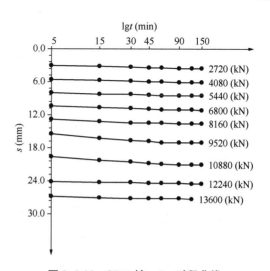

图 3.5-22　SZ11 桩 s-$\lg t$ 时程曲线

SZ12 静载荷试验汇总表（注浆）　　　　表 3.5-12

序号	荷载（kN）	历时（min）		沉降（mm）	
		本级	累计	本级	累计
1	1830	150	150	1.38	1.38
2	2745	120	270	0.58	1.96
3	3660	120	390	0.63	2.59
4	4575	120	510	0.72	3.31
5	5490	120	630	0.84	4.15
6	6405	120	750	0.97	5.12
7	7470	120	870	1.14	6.26
8	8535	120	990	0.98	7.24
9	9600	150	1140	2.08	9.32
10	7470	60	1200	−0.28	9.04
11	5490	60	1260	−0.48	8.56
12	3660	60	1320	−0.51	8.05
13	1830	60	1380	−0.66	7.39
14	0	180	1560	−1.12	6.27

最大沉降量：9.32mm；最大回弹量：3.05mm；回弹率：32.73%

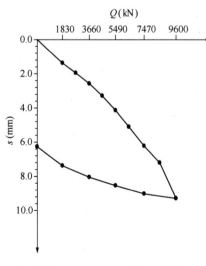

图 3.5-23　SZ12 桩 Q-s 曲线

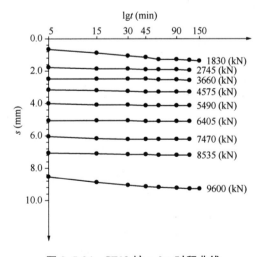

图 3.5-24　SZ12 桩 s-lg$t$ 时程曲线

SZ13 静载荷试验汇总表（注浆）　　　　　　表 3.5-13

序号	荷载（kN）	历时（min）		沉降（mm）	
		本级	累计	本级	累计
1	1944	120	120	0.58	0.58
2	2916	120	240	0.46	1.04
3	3888	120	360	1.25	2.29
4	4860	150	510	1.53	3.82
5	5832	150	660	1.71	5.53
6	6804	150	810	1.30	6.83
7	7936	180	990	2.26	9.09
8	9068	150	1140	2.39	11.48
9	10200	150	1290	3.05	14.53
10	7936	60	1350	−0.16	14.37
11	5832	60	1410	−0.98	13.39
12	3888	60	1470	−1.41	11.98
13	1944	60	1530	−2.91	9.07
14	0	180	1710	−2.59	6.48

最大沉降量：14.53mm；最大回弹量：8.05mm；回弹率：55.40%

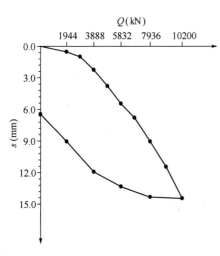

图 3.5-25　SZ13 桩 Q-s 曲线

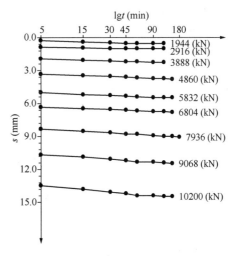

图 3.5-26　SZ13 桩 s-lg$t$ 时程曲线

SZ14 静载荷试验汇总表（未注浆）   表 3.5-14

序号	荷载（kN）	历时（min）		沉降（mm）	
		本级	累计	本级	累计
1	1830	120	120	2.49	2.49
2	2745	120	240	1.41	3.90
3	3660	120	360	0.68	4.58
4	4575	120	480	1.87	6.45
5	5490	120	600	1.92	8.37
6	6405	210	810	2.87	11.24
7	7470	300	1110	36.79	48.03

最大沉降量：48.03mm；最大回弹量：0.00mm；回弹率：0.00%

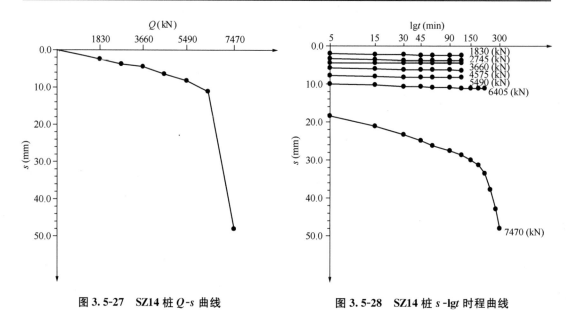

图 3.5-27　SZ14 桩 Q-s 曲线　　　　　图 3.5-28　SZ14 桩 s-$\lg t$ 时程曲线

2. 单桩静载荷试验数据分析

单桩竖向静载荷试验结果，综合分析如下：由各试验桩静载荷试验 Q-s、s-$\lg t$ 曲线可知，单桩竖向承载力如表 3.5-15 所示。需要特别说明的是，SZ3、SZ4、SZ5、SZ6、SZ10、SZ11 和 SZ14 试验桩达到极限破坏，其余各试验桩最大加载未能达到极限破坏值。

试验桩静载荷试验汇总表   表 3.5-15

桩号	桩径（mm）	施工实际桩长（m）	设计单桩承载力特征值（kN）	极限荷载（kN）	最终累计沉降（mm）	单桩承载力特征值（kN）	是否后注浆	有无鱼塘	备注
SZ1	800	30.2	2500	7500	9.96	3750	是	无	SZ3、SZ4、SZ5、SZ6、SZ10、SZ11、SZ14 桩试验极限破坏
SZ2	800	30.1	2500	7500	7.67	3750	是	无	
SZ3	800	30.2	2500	5005	27.87	2502	否	有	
SZ4	800	30	2500	5837	10.08	2918	是	无	
SZ5	800	30.3	2500	5000	24.28	2500	是	无	

桩号	桩径 (mm)	施工实际桩长 (m)	设计单桩承载力特征值 (kN)	极限荷载 (kN)	最终累计沉降 (mm)	单桩承载力特征值 (kN)	是否后注浆	有无鱼塘	备注
SZ6	800	30.1	2500	5005	23.28	2502	否	有	
SZ7	1000	35.1	3400	10200	10.39	5100	是	无	
SZ8	1000	35	3200	9600	8.91	4800	是	无	SZ3、SZ4、
SZ9	1000	35.2	3200	9600	6.45	4800	是	无	SZ5、SZ6、
SZ10	1000	35.2	3400	6804	36.21	3402	否	无	SZ10、SZ11、
SZ11	1000	35.2	3400	8160	27.34	4080	是	无	SZ14 桩试验极限
SZ12	1000	35.5	3200	9600	9.32	4800	是	无	破坏
SZ13	1000	35.2	3400	10200	14.53	5100	是	无	
SZ14	1000	35.2	3200	6405	48.03	3202	否	有	

3. 后注浆效果分析

根据单桩静载荷试验，其中：800mm 直径桩 SZ3、SZ4、SZ5、SZ6 试验荷载达到极限状态、1000mm 直径桩 SZ10、SZ11、SZ14 试验荷载达到极限状态。剔除 SZ5 桩试验值异常外，800mm 直径桩未注浆单桩承载力特征值平均值为 2502kN，注浆后单桩承载力特征值平均值为 3472kN，单桩竖向承载力综合提高系数为 1.38。1000mm 直径桩未注浆单桩承载力特征值平均值为 3302kN，注浆后单桩承载力特征值平均值为 4780kN，单桩竖向承载力综合提高系数为 1.44。

本次试验桩施工采用泥浆护壁（膨润土泥浆或者有机泥浆）、旋挖钻机成孔、水下灌注混凝土施工工艺，桩端、桩侧后注浆对单桩承载力影响较大，试验结果表明：采用后注浆工艺水泥浆对桩底沉渣及桩侧泥皮有很好的加固改良效果，对提高单桩承载力有显著效果，同时应该指出后注浆效果与水下混凝土灌注桩施工工艺、施工技术水平、地层条件、沉渣控制厚度、注浆量等因素对桩侧、桩端阻力提高系数有密切影响。因此，由于本建设项目规模巨大，工程桩数量大，施工建设周期短，桩基专业施工单位在进行水下钻孔灌注桩的操作技术水平不一定能达到试验桩施工质量控制的水平，因此，本项目在实际基础桩设计计算时后注浆提高系数应适当折减。

3.5.2　桩身声波透射法测试结果

经检测，本次施工的 14 根试验桩全部为 I 类桩。其中 2 根桩（SZ7、SZ12）经超声波检测，桩端以上 1.0～1.2m（三个截面中有一个截面）声波异常。

3.5.3　混凝土桩桩身钻孔取芯验证结果

针对桩身声波检测信号异常的 SZ7 和 SZ12 桩进行钻芯取样（图 3.5-29），发现桩身混凝土完整，在桩端局部为混凝土夹泥砂，而经静力载荷试验比较，单桩静载荷试验 Q-s 曲线和 s-$\lg t$ 时程曲线没有明显突变，说明尽管桩身端部局部混凝土夹泥砂降低了混凝土强度，但由于桩端受力较小，对桩身强度要求也相应降低，且桩端又经后注浆，保证了单桩承载力的正常发挥，同时也说明水下钻孔灌注桩进行桩端后注浆的重要性。

图 3.5-29 SZ7 和 SZ12 取芯样品

3.5.4 桩身轴力测试数据分析

1. 桩身钢筋应力实测数据汇总

本次 6 根试验桩（SZ1、SZ3、SZ4、SZ6、SZ8、SZ11）的桩身主筋上预设钢筋应力计，应力计规格根据桩身主筋直径 20mm 确定，用于测试加载、卸载过程中钢筋应力的变化。钢筋应力计埋设间距为自桩顶沿桩身向下每隔 6m 为一个量测断面。其中 4 根试验桩，每根桩设置 6 个量测断面；另外 2 根试验桩，每根桩设置 7 个量测断面。每个测试断面埋设 3 只应力计（呈 120°中心夹角均匀布置），每个灌注桩合计埋设 18 个（4 根桩）、21 个（2 根桩）钢筋应力计，6 根桩共计 114 个应力计。

钢筋应力计实测数据见表 3.5-16～表 3.5-20。表中各元器件的测试值为频率，单位 Hz，按各个应力计标定曲线方程换算后的钢筋轴力单位为 kN（SZ6 桩的应力计导线大部分损坏，无法具体分析，现仅分析 SZ1、SZ3、SZ4、SZ8、SZ11 的数据）。

SZ1 试验桩各断面钢筋换算轴力表（kN） 表 3.5-16

断面	埋置深度	加载 1	加载 2	加载 3	加载 4	加载 5	加载 6	加载 7	加载 8	加载 9
	m	1430kN	2145kN	2860kN	3575kN	4290kN	5005kN	5837kN	6668kN	7500kN
1	1.5	−5.07	−6.83	−8.78	−10.89	−13.17	−15.42	−18.03	−20.78	−23.24
2	4.7	−2.97	−4.10	−5.35	−6.62	−7.82	−8.94	−10.11	−11.39	−12.61

续表

断面	埋置深度	加载 1	加载 2	加载 3	加载 4	加载 5	加载 6	加载 7	加载 8	加载 9
	m	1430kN	2145kN	2860kN	3575kN	4290kN	5005kN	5837kN	6668kN	7500kN
3	11.2	−1.52	−2.12	−2.88	−3.73	−4.63	−5.56	−6.62	−7.81	−8.97
4	18.2	−0.86	−1.20	−1.66	−2.23	−3.04	−4.01	−5.28	−6.49	−7.51
5	24.8	−0.32	−0.40	−0.49	−0.59	−0.74	−0.94	−1.25	−1.72	−2.32
6	29.0	−0.14	−0.18	−0.22	−0.26	−0.32	−0.37	−0.48	−0.62	−0.80

SZ3 试验桩各断面钢筋换算轴力表（kN） 表 3.5-17

断面	埋置深度	加载 1	加载 2	加载 3	加载 4	加载 5	加载 6	加载 7	加载 8	加载 9
	m	1430kN	2145kN	2860kN	3575kN	4290kN	5005kN	5837kN	6668kN	7500kN
1	1.5	−5.52	−8.48	−9.38	−11.69	−14.08	−15.53	−19.49	−21.96	−24.25
2	4.5	−4.71	−5.09	−5.39	−5.87	−7.40	−8.78	−10.43	−11.78	−13.15
3	10.5	−3.24	−3.50	−3.69	−3.94	−4.85	−5.71	−6.78	−9.13	−10.54
4	16.0	−1.46	−1.66	−1.79	−2.20	−2.95	−3.75	−4.67	−5.63	−6.61
5	23.0	−0.53	−0.66	−0.76	−1.17	−2.00	−2.84	−3.51	−4.50	−5.62
6	29.0	−0.20	−0.24	−0.28	−0.33	−0.57	−0.86	−1.32	−2.08	−2.80

SZ4 试验桩各断面钢筋换算轴力表（kN） 表 3.5-18

断面	埋置深度	加载 1	加载 2	加载 3	加载 4	加载 5	加载 6	加载 7	加载 8	加载 9
	m	1430kN	2145kN	2860kN	3575kN	4290kN	5005kN	5837kN	6668kN	7500kN
1	1.5	−5.06	−6.63	−8.26	−9.19	−13.68	−16.07	−19.01	−20.80	−22.37
2	6.5	−4.30	−4.78	−5.22	−5.63	−6.51	−7.29	−7.94	−8.62	−9.75
3	13.2	−3.55	−3.99	−4.27	−4.62	−4.68	−4.93	−5.60	−6.30	−7.12
4	20.0	−2.23	−2.54	−2.66	−2.79	−2.88	−3.33	−3.99	−4.53	−5.28
5	26.0	−0.74	−0.85	−0.90	−0.94	−0.97	−1.12	−1.59	−2.23	−2.98
6	29.5	−0.25	−0.29	−0.30	−0.31	−0.32	−0.36	−0.50	−0.66	−0.85

SZ8 试验桩各断面钢筋换算轴力表（kN） 表 3.5-19

断面	埋置深度	加载 1	加载 2	加载 3	加载 4	加载 5	加载 6	加载 7	加载 8	加载 9
	m	1830kN	2745kN	3660kN	4575kN	5490kN	6405kN	7470kN	8535kN	9600kN
1	3.5	−4.40	−6.04	−7.58	−9.24	−10.69	−11.99	−13.63	−15.48	−17.24
2	8.5	−3.69	−4.65	−5.45	−6.84	−8.31	−9.23	−10.77	−12.28	−13.54
3	13.5	−1.93	−2.39	−2.84	−3.36	−3.93	−4.54	−5.37	−6.22	−6.99
4	19.0	−0.81	−0.95	−1.11	−1.29	−1.49	−1.71	−2.02	−2.37	−2.66
5	25.0	−0.39	−0.42	−0.48	−0.55	−0.63	−0.71	−0.84	−0.97	−1.13
6	29.5	−0.14	−0.14	−0.16	−0.18	−0.20	−0.23	−0.27	−0.32	−0.37
7	34.0	−0.02	−0.01	−0.04	−0.02	−0.02	−0.02	−0.03	−0.04	−0.05

SZ11 试验桩各断面钢筋换算轴力表（kN）　　　　表 3.5-20

断面	埋置深度	加载1	加载2	加载3	加载4	加载5	加载6	加载7	加载8	加载9
	m	2720	4080	5440	6800	8160	9520	10880	12240	13600
1	1.5	−5.77	−9.02	−10.71	−14.04	−17.17	−20.32	−23.38	−26.50	−29.57
2	6.5	−4.28	−5.21	−7.27	−9.15	−11.11	−14.38	−15.20	−17.61	−17.97
3	12.0	−2.84	−4.28	−5.86	−7.54	−9.17	−11.42	−12.32	−12.55	−12.76
4	18.0	−1.83	−3.24	−4.78	−6.14	−7.22	−8.45	−9.18	−9.35	−9.50
5	23.0	−1.58	−2.44	−3.23	−4.01	−4.87	−6.03	−6.61	−6.78	−6.91
6	28.0	−0.99	−1.60	−2.36	−3.13	−3.80	−4.74	−5.14	−5.26	−5.35
7	33.0	−0.53	−0.84	−1.24	−1.69	−2.07	−2.49	−2.69	−2.76	−2.81

2. 灌注桩侧摩阻力计算

（1）桩侧摩阻力、桩身轴力计算原理见 1.6.2 节。

（2）桩身轴力传递特征分布曲线

单桩在桩顶荷载作用下，荷载通过桩身向桩端传递，随着荷载的增加，其传递规律因桩侧地质特征的差异以及桩端地质条件的差异而呈现出不同的特点。由于桩端持力层为黏土夹砂层，其桩端土在承载过程中的发挥程度与以往重庆地区的嵌岩桩的发挥程度是否有差别，需通过试验结果做进一步分析。图 3.5-30～图 3.5-32 为实测 6 根单桩钢筋应力经过上述原理计算后桩身轴力随桩顶荷载变化的分布曲线、桩身侧摩阻力分布曲线及荷载分担比曲线。

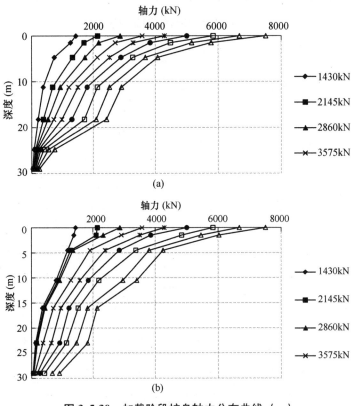

图 3.5-30　加载阶段桩身轴力分布曲线（一）

（a）SZ1；（b）SZ3（未注浆）

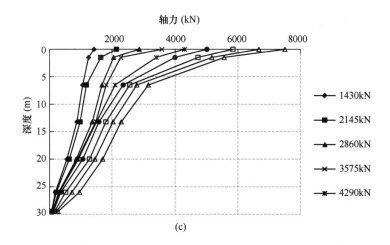

(c)

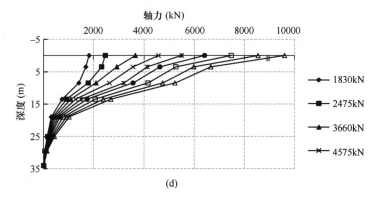

(d)

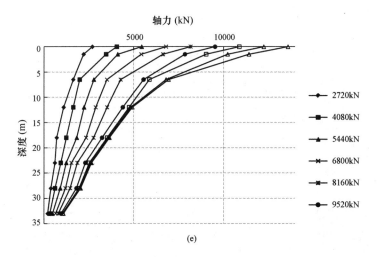

(e)

图 3.5-30 加载阶段桩身轴力分布曲线（二）

（c）SZ4；（d）SZ8；（e）SZ11

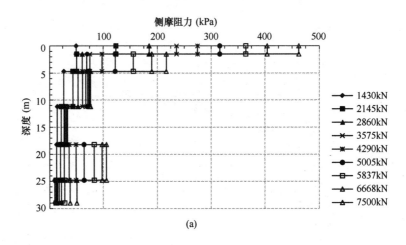

(a)

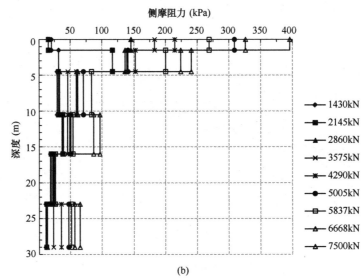

(b)

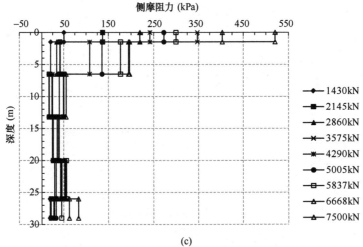

(c)

图 3.5-31　加载阶段桩侧摩阻力分布曲线（一）

（a）SZ1；（b）SZ3；（c）SZ4

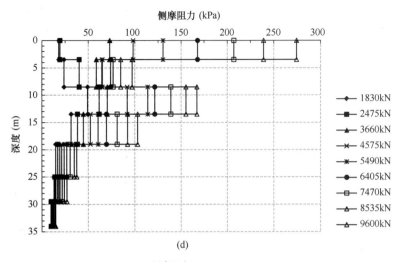

(d)

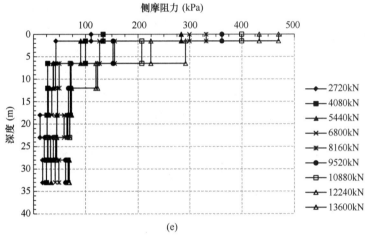

(e)

图 3.5-31　加载阶段桩侧摩阻力分布曲线（二）

（d）SZ8；（e）SZ11

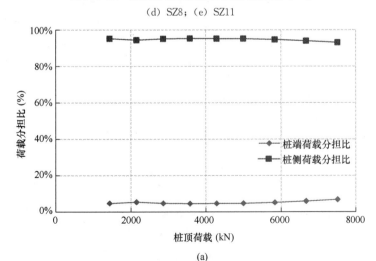

(a)

图 3.5-32　加载阶段荷载分担比曲线（一）

（a）SZ1

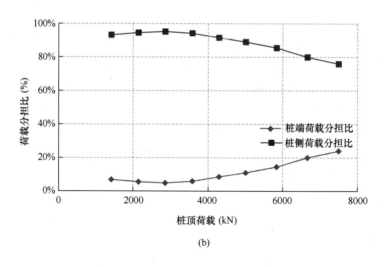

(b)

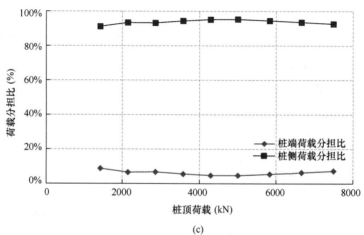

(c)

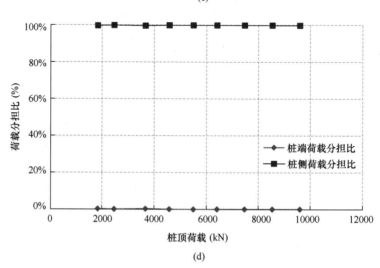

(d)

图 3.5-32 加载阶段荷载分担比曲线 (二)

(b) SZ3 (未注浆); (c) SZ4; (d) SZ8

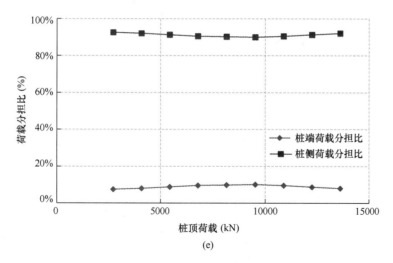

图 3.5-32 加载阶段荷载分担比曲线（三）

(e) SZ11

3.5.5 桩身轴力传递与桩侧阻力分布成果综合分析

通过对本试验区 5 根（SZ1、SZ3、SZ4、SZ8 和 SZ11）单桩静力载荷全过程即"加载—卸载"的试验数据分析，在桩顶荷载逐级递增加载条件下对桩身轴力、桩侧摩阻力、不同深度桩身截面应力变化规律进行对比，归纳出本次试验桩具有如下特征。

1. 桩身轴力传递特征

桩身轴力－桩顶荷载随深度变化关系曲线见图 3.5-30，在两种工况条件下，桩身轴力传递呈现出一致规律，即随桩顶荷载增加，桩身轴力随深度分布呈现"上大下小"，由上往下逐步递减，递减幅度略有差别。由于本次试验桩 SZ3、SZ4、和 SZ11 桩加载到极限破坏状态；SZ1 和 SZ8 未加载到极限破坏状态，SZ8 桩端轴力异常小与桩侧阻力异常大有关系，这与桩侧土性以及桩侧后注浆有关。SZ3 桩没有后注浆，随桩顶荷载增加，桩身轴力向桩端传递幅度明显大于后注浆桩。说明桩侧土性、侧壁泥皮以及桩侧注浆对提高单桩承载力，减少桩顶沉降起到很关键的作用。

2. 桩侧阻力分布特征

桩身侧摩阻力－桩顶荷载随深度变化曲线见图 3.5-31，桩身侧摩阻力随桩身分布形态呈现出一致规律，且都表现为正摩阻力随着桩顶荷载的增加，桩顶沉降增大，桩身各截面侧摩阻力逐步增加。在桩顶荷载加载到最大值时，桩身侧摩阻力达到最大值，侧阻力最大峰值高达 520.1kPa，平均值为 424.4kPa。

在桩顶加载到最大值时，桩身受力荷载分担比见图 3.5-32，统计如表 3.5-21 所示。

由表 3.5-21 可知，在最大加载情况下，桩侧范围内侧阻力分担了大部分荷载，经桩端桩侧后注浆的 SZ1、SZ4、SZ8、SZ11 桩桩侧平均分担了桩端总荷载的 94.4%，SZ3 桩桩侧平均分担了桩顶总荷载的 76.0%，桩端分担的桩顶荷载较小。由此说明对于一般黏性土地层超长灌注桩，桩侧阻力是决定单桩承载力的主要因素，通过桩侧后注浆有利于提高桩侧摩阻力从而提高单桩承载力。

桩身荷载分担比统计表（最大加载值条件下）　　　　表 3.5-21

试验组号	受力部位 工况	桩身受力分担比例（%）		
		桩侧	桩端	备注
SZ1	桩侧、桩端注浆	93.1%	6.9%	无鱼塘
SZ3	未注浆	76.0%	24.0%	有鱼塘
SZ4	桩侧、桩端注浆	92.7%	7.3%	无鱼塘
SZ8	桩侧、桩端注浆	99.8%	0.2%	无鱼塘
SZ11	桩侧、桩端注浆	92%	8.0%	无鱼塘

3. 单桩承载力分析

根据 14 根试验桩静载荷试验结果分析，在桩长相同均为 30m，桩端持力层土性均为④₁层粉细砂夹粉质黏土时，800mm 直径后注浆试验桩 3 根，分别为 SZ1、SZ4 和 SZ6，单桩竖向极限承载力标准值为 6945kN；未注浆的 SZ3、SZ6 桩单桩竖向极限承载力标准值为 5005kN；在桩长相同均为 35m，桩端持力层土性均为④₁层粉细砂夹粉质黏土时，1000mm 直径后注浆试验桩 SZ7、SZ8、SZ9、SZ11、SZ12、SZ13 桩，单桩竖向极限承载力为 8160kN 和 10200kN，平均值为 9560kN；未注浆的 SZ10、SZ14 桩单桩竖向极限承载力平均值 6604kN（表 3.5-22）。

SZ1 和 SZ8、SZ10、SZ11、SZ14 桩未达到极限值，从单桩 Q-s 曲线形态上来看，5 根桩仍呈现弹性或弹塑性状态，承载力还具有一定的潜力。

试验桩静载荷试验结果分析　　　　表 3.5-22

桩径 （mm）	桩长（m）	后注浆情况	桩端持力层	单桩竖向受压承载力极限值（kN）
800	30	未后注浆	④₁粉细砂夹粉质黏土	5005
800	30	桩侧注浆 0.8t，桩端注浆 1.2t	④₁粉细砂夹粉质黏土	6945
1000	35	未后注浆	④₁粉细砂夹粉质黏土	6604
1000	35	桩侧注浆 1.0t，桩端注浆 1.5t	④₁粉细砂夹粉质黏土	9560

在相同桩长、桩径及桩端持力层时，通过对桩身、桩侧后注浆可以显著减少桩顶沉降提高单桩承载力。桩侧摩阻力分担了大部分桩顶荷载。

3.6　结论

（1）本次通过 14 根水下钻孔灌注试验桩试验数据综合分析，建议本场地旋挖钻孔泥浆护壁水下灌注桩在后注浆两种状态下单桩竖向受压承载力极限值如表 3.5-22 所示。

（2）对一般黏性土地层，水下钻孔灌注桩采用桩侧后压浆技术，可对桩侧土及护壁泥皮有较好的固化作用，提高了桩侧摩阻力，有效地减缓桩身轴力向桩端的传递，桩端后注浆可对孔底沉渣有较好的固化作用，减小桩端压缩沉降。在本场地采用本次后压浆施工参数，单桩竖向受压承载力综合提高系数为 1.38～1.44。

（3）试验桩在最大竖向加载条件下，桩侧摩阻力分担了大部分荷载，桩端、桩侧后注浆桩桩侧平均分担了桩顶总荷载的 94.4%，未注浆桩桩侧平均分担了桩顶总荷载的 76%，桩端分担的荷载较小，但当桩端、桩侧不进行后注浆时桩端荷载分担会大大增加 24.0%。

（4）本场地采用旋挖钻孔膨润土泥浆或有机泥浆护壁水下灌注混凝土工艺可行、能够保证成孔质量。膨润土泥浆相对密度为 1.16～1.20。

（5）水下灌注混凝土前必须采取正循环二次洗孔措施，确保孔底沉渣满足规范要求。

第4章 砂卵石地层后注浆钻孔灌注桩
承载力试验与研究

本章以京东方成都 B7 半导体显示器件生产线项目为依托，着重介绍了针对深厚砂卵石地层大直径水下钻孔灌注桩在工程设计中所关注的问题而展开的现场原位试验研究。该场地除表层 3~4m 为填土、黏性土外以下均为砂卵石，地下水埋深在 10m。由于砂卵石孔壁稳定性差，钻孔越长，下钻提钻时间越长，水流和剐蹭都会造成孔壁坍塌，而增加沉渣厚度会严重影响单桩承载力。减小桩长，同时采用桩端、桩侧后注浆提高单桩承载力是重点研究方向。通过现场 11 根桩的原位载荷试验得出了短桩经桩端、桩侧后注浆的极限侧阻力、极限端阻力综合提高系数。

4.1 工程概况

工程项目位于成都市高新区（西区），东邻天源路，西邻四川虹视显示技术有限公司，南侧为合作路，北侧为成灌高速公路。拟建厂房工程包括 FAB、CUB、WWT 等 11 个单体建筑。除表层杂填土土质结构松散、均匀性差外，勘察深度揭示的地层分布主要以砂卵石为主，均匀性较好。部分厂房采用天然地基即可满足上部结构的要求，但主要厂房（如 FAB、CUB 等）柱下荷载大、变形敏感，且设备厂房要求具有防微振能力，故主要厂房设计采用桩基础形式。

本场地砂卵石地层具有厚度大，卵石含量高，粒径大，卵石强度、硬度大的特点。基础桩成桩的难点在于钻孔，钻孔速度慢、易塌孔、孔底沉渣厚，充盈系数大。如何提高单桩承载力、缩短桩长、减少总桩数、加快施工进度，对整个基础工程的造价、工期产生积极的影响。经研讨分析，根据本场地地层特点及以往工程经验，提出了后注浆钻孔灌注桩解决方案。由于桩基后注浆施工技术在成都地区应用较少，因此决定通过现场钻孔灌注桩原位承载力试验来确定相关参数及工艺，从而达到优化桩基础设计与指导施工的目的。

4.2 场地地质条件简介

4.2.1 地形地貌

试验场地地面标高为 551.0~555.0m，场地内局部有 1.0~2.0m 的堆土，局部地势较低，为便于施工，满足施工保护层要求，对场地局部进行了回填。

试验场地整平处理后的地貌如图 4.2-1、图 4.2-2 所示。

4.2.2 地层岩性

勘察揭露 25.0m 深度范围内的地层为：表层为填土层，其下为一般第四系冲洪积成

图 4.2-1 拟建场地现场图

图 4.2-2 打桩施工平台

因的黏性土、粉土、砂土及卵石层。

（1）①层杂填土：杂色，松散，稍湿—湿，以砖块、杂草、生活垃圾为主，含黏性土、粉土及卵石。

（2）②层粉质黏土：褐黄色，可塑，含氧化铁。

（3）②₁层粉砂：褐黄色—褐色，稍密，稍湿，含石英、云母、长石，局部夹粉土薄层。

（4）③层松散卵石：杂色，松散，稍湿，亚圆形，中等风化—微风化。卵石一般粒径 $2\sim5$cm，最大粒径 10cm，细砂充填，卵石含量 $60\%\sim65\%$，原岩成分为花岗岩及砂岩，主要矿物成分为石英、云母、长石。N_{120} 动力触探击数 $2\sim4$ 击。

（5）④层稍密卵石：杂色，稍密，稍湿—湿，亚圆形，中等风化—微风化。卵石一般粒径 $2\sim6$cm，最大粒径 18cm，细中砂充填，卵石含量 $65\%\sim70\%$，原岩成分为花岗岩及砂岩，主要矿物成分为石英、云母、长石。N_{120} 动力触探击数 $5\sim7$ 击。局部夹细中砂薄层。

（6）⑤层中密卵石：杂色，中密，稍湿—湿，亚圆形，微风化。卵石一般粒径 $2\sim7$cm，最大粒径达 20cm 以上，粗砂充填，卵石含量 $65\%\sim70\%$，局部含少量漂石，原岩成分为花岗岩及砂岩，主要矿物成分为石英、云母、长石。N_{120} 动力触探击数 $8\sim10$ 击。局部夹粗砂薄层。

（7）⑥层密实卵石：杂色，密实，湿，亚圆形，微风化。卵石一般粒径 $2\sim7$cm，最大粒径达 20cm 以上，粗砂充填，卵石含量 $60\%\sim70\%$，局部含少量漂石，原岩成分为花岗岩及砂岩，主要矿物成分为石英、云母、长石。N_{120} 动力触探击数 10 击以上。局部夹粗砂薄层。

（8）⑥₁层粗砂：褐灰色，密实，湿，含石、英云母、长石。

（9）⑦层密实卵石：杂色，密实，湿—饱和，亚圆形，微风化。卵石一般粒径 3～8cm，最大粒径达 20cm 以上，粗砂充填，卵石含量 65%～70%，局部含少量漂石，原岩成分为花岗岩及砂岩，主要矿物成分为石英、云母、长石。N_{120} 动力触探击数 10 击以上。局部夹粗砂薄层。

（10）⑦₁层粗砂：褐灰色，密实，饱和，含石、英云母、长石。

（11）⑧层密实卵石：杂色，密实，饱和，亚圆形，微风化。卵石一般粒径 3～8cm，最大粒径达 20cm 以上，粗砂充填，卵石含量 65%～75%，局部含少量漂石，原岩成分为花岗岩及砂岩，主要矿物成分为石英、云母、长石。N_{120} 动力触探击数 10 击以上。局部夹粗砂薄层。

（12）⑧₁层粗砂：褐灰色，密实，饱和，含石英、云母、长石。

4.2.3 水文地质条件

钻探深度（25.0m）范围内观测到一层地下水，为孔隙潜水，水位埋深约 11.5m，水位绝对标高约 541.5m。主要补给来源为大气降水和地下径流，主要排泄方式为蒸发及侧向径流。

4.3 钻孔灌桩试验内容及技术路线

4.3.1 试验目的

（1）验证泥浆护壁旋挖钻孔灌注桩成桩工艺的可行性和适用性。

（2）灌注桩进行桩端、桩侧后注浆，确定单桩承载力。

（3）对最小桩长 8.5m 进行破坏性试验，以期得到其最大承载力，为设计较短桩型提供实际依据。

4.3.2 试验内容

主要试验内容如下：

（1）旋挖成孔工艺在场地的适用性试验（成孔效率、质量、混凝土充盈系数、泥浆设计参数）；

（2）单桩静载荷试验；

（3）单桩桩身应力测试；

（4）混凝土灌注桩完整性检测（声波检测）；

（5）钻芯试验检测桩身强度、桩底注浆效果。

4.3.3 试验步骤

根据试验目的内容，确定试验步骤如下：

（1）场地的平整与场地坐标、标高测量；

（2）根据结构设计任务书要求，确定试验桩桩位点位置；

（3）钢筋混凝土钻孔灌注桩施工；

（4）后压浆施工

待钢筋混凝土灌注桩施工完成 2～3d 后，开始后压浆施工，先进行桩侧注浆，后进行桩端注浆。

（5）桩身完整性检测、单桩静载荷试验

采用声波法进行桩身完整性检测；然后进行单桩静载荷试验，对单桩承载力、桩身应力等指标进行测量。

（6）桩身混凝土钻芯试验检测

检测桩体强度、桩端后注浆效果及沉渣厚度。

（7）成果整理分析，计算相关参数。

4.4 试验桩设计方案简介

4.4.1 试验桩设计参数

根据试验桩任务书要求，试验桩根数为 11 根。FAB 厂房试验桩 9 根，其中 A 组试验桩 3 根，桩径 0.8m，桩长 8.5m，单桩竖向极限承载力标准值 13000kN；B 组试验桩 3 根，桩径 0.8m，桩长 9.5m，单桩竖向极限承载力标准值 8500kN；C 组试验桩 3 根，桩径 0.8m，桩长 10.5m，单桩竖向极限承载力标准值 9000kN；CUB 厂房试验桩 2 根，桩径 0.8m，桩长 9.5m，单桩竖向极限承载力标准值 9000kN。试验桩具体位置如图 4.4-1 所示；试验场地地质剖面及各工况示意见图 4.4-2。

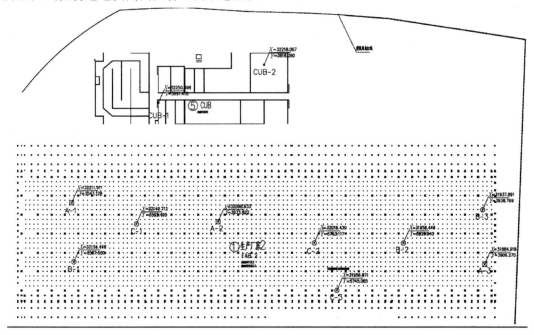

图 4.4-1 B7-FAB、CUB 试验桩位置图

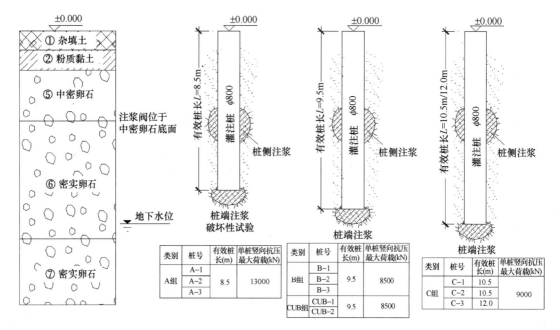

图 4.4-2 试验场地地质剖面及各工况示意图

试验桩钢筋笼采用分段配筋，主筋采用 $10\phi20$，箍筋采用 $\phi8@100$（$\phi8@200$），桩身加强筋为 $\phi18@2000$。具体设计参数见表 4.4-1。

试验桩设计参数汇总表 表 4.4-1

桩位	混凝土强度等级	静载试验极限值（kN）	桩径 D（m）	桩数（根）	桩底绝对标高（m）	有效桩长（m）	施工桩长（m）	后压浆位置	保护层厚度（mm）
试验桩	C40	8500-13000	0.8	11	540.6-544.1	8.5-12.0	9.5-13.0	桩侧桩端	50

注：桩端持力层均为密实卵石⑥层，桩端入⑥层密实卵石层深度不小于 1.5D。

4.4.2 后注浆设计参数

1. 后压浆注浆管工艺参数

试验桩桩侧、桩端进行后压浆。

桩端后压浆：设 2 根 $\phi25mm$ 无缝钢管绑扎于钢筋笼加劲筋上，无缝钢管采用管箍连接，钢管底端对称安装一个单向注浆阀，伸出钢筋笼底（桩端）20cm。

试验桩桩侧后压浆：⑤层中密卵石底部设桩侧注浆阀一道，注浆导管直径为 $\phi25mm$，下端通过三通与花瓣形波纹管注浆管阀相连。

2. 后压浆注浆管元件技术要求

（1）注浆管及注浆阀的要求

后注浆钢管采用普通无缝钢管，壁厚不小于 3.0mm，后注浆阀应具备下列性能：

① 注浆阀应能承受 1.5MPa 以上静水压力；注浆阀外部保护层应能抵抗砂石等硬质物的剐撞而不致使管阀受损；

② 注浆阀应具备逆止功能。

（2）注浆导管的连接

注浆管采用管箍连接。管箍连接方式操作简单，适用于钢筋笼运输和放置过程中挠度较小的情况，具体见图 4.4-3。

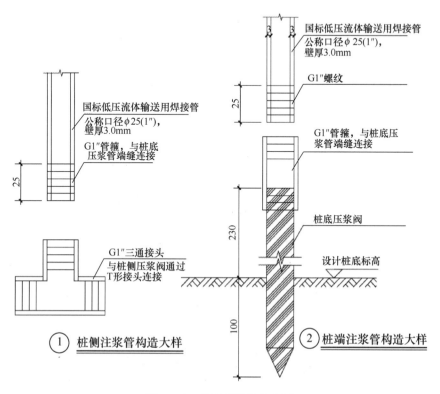

图 4.4-3　注浆管连接节点图

3. 后压浆有关工艺参数的确定

注浆材料为水泥浆液，水泥采用 P·O42.5R 普通硅酸盐水泥，水灰比为 0.5～0.75。注浆压力控制在 1.5～8MPa。根据注浆压力的变化和注浆量，实施间歇注浆或终止注浆，且正式注浆前进行注浆试验，以达到优化设计参数的目的。

注浆设计参数如下，每根桩每道桩侧注浆水泥 0.6～0.7t，桩端注浆水泥量 1.5～2t。

注浆施工时间及顺序选择：因本次桩长较短，单桩承载力提高主要靠桩侧阻力及桩端阻力的增加，本工程采用桩侧注浆完成上部土层空隙的封闭，再进行桩端后压浆，确保桩端注浆时地面不返浆，使桩端压浆效果能充分发挥作用；考虑桩身强度和水泥养护龄期，桩侧注浆完成 2h 后再进行桩端压浆，注浆起始时间可在成桩完成 2～3d 后进行。

注浆控制条件：质量控制以注浆量控制为主，注浆压力控制为辅。桩底、桩端注浆终止压力不小于 1.5MPa。

4.4.3　单桩静载荷试验设计

1. 桩帽设计

由于加载量大，桩顶部位需要放置 2～3 台千斤顶，因此试验桩需要加强桩头。桩头

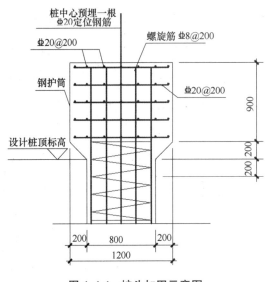

图 4.4-4　桩头加固示意图

加固设计如图 4.4-4 所示。

开挖至混凝土密实端面，对桩顶多余部分进行剔凿处理，桩头剔除完成后用清水清理桩头，清理完成后绑扎钢筋网片，加工桩顶外钢套筒，厚度不小于 5mm，采用钢板卷焊，安装时需保证与桩身同心，底部锥形可以采用钢板卷焊或支设模板方式浇灌混凝土，混凝土强度等级为 C45，混凝土浇筑完成压光后保温覆盖养护。

2. 静载荷试验方法选择

采用平台堆载反力装置。一次性将所需配重均匀地摆放在由钢梁组成的平台上，使用千斤顶（2～3 个 650t 千斤顶）配合高压油泵施加反力。载荷试验仪通过安装在千斤顶上的压力传感器和安装在桩头上的位移传感器控制加荷量，自动记录沉降位移，加载补载均自动完成。多台千斤顶加载时应并联同步工作，且采用的千斤顶型号、规格应相同，千斤顶的合力中心应与桩轴线重合。试验装置如图 4.4-5、图 4.4-6 所示。

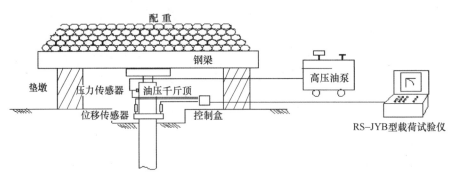

图 4.4-5　单桩竖向抗压静载荷试验反力装置图

图 4.4-6　大吨位静载试验堆载平台

3. 堆载法场地地基处理设计

因试验桩部位场地表层为杂填土，现状场地地面低，需进行回填处理，回填高度1～2.1m，此类场地松软，地基承载力无法满足静载荷试验对场地要求，载荷试验前先采取换填碾压的方式对场地进行地基处理。

（1）材料：卵石土中不得含有草根等有机杂质，卵石土中卵石含量不低于20%。

（2）主要机具：

采用大型双桥车装运卵石土到施工现场，运至场地后，现场再配合装载机及碾压机械（12t振动碾子）推平进行分层碾压，分层厚度0.3～0.5m，压实次数5～8遍，施工作业人员随时在现场进行抄平，控制好平整度。

（3）施工工艺：

清除表层杂填土→检验卵石土质量→卵石土回填→分层碾压密实→修整找平→验收。

① 填砂卵石土前，应先将基层表面上垃圾、杂填土等杂物清理完毕，清除干净。

② 检验卵石土质量，检验卵石含量，有无杂物是否符合规定，以及卵石土的含水率是否在控制的范围内。

③ 卵石土应分层回填，分层回填厚度不大于0.3～0.5m，采用12t振动碾子压实遍数不小于5遍，压实系数不小于0.93，在振动碾子碾压不到位的换填部位，应配合人工推料填充，用蛙式打夯机分层夯打密实。

4.4.4 桩身完整性检测

混凝土桩桩身完整性检测采用声波透射法，判定桩身缺陷的程度及位置。具体技术要求如下：

（1）本工程中基桩桩径 D 为0.8m，埋设2根声测管，具体位置详见图4.4-7。

（2）声测管沿桩截面钢筋笼内侧呈对称形状布置，以向北的顶点为起始点，按顺时针方向进行编号。

（3）声测管下端封闭、上端加盖、管内无异物；声测管连接处光滑过渡，管口高出桩顶200mm以上，且各声测管管口高度宜一致。

（4）声测管宜采用金属管，其内径不宜小于50mm，壁厚不小于2.0mm，声测管的连接宜采用套丝连接确保其不能漏水。

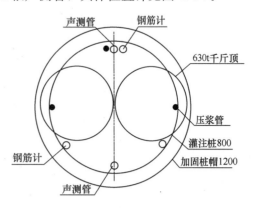

图 4.4-7 桩截面埋件位置图

（5）声测管应牢固焊接或绑扎在钢筋笼的内侧，且互相平行，并埋设至桩底，管口宜高出桩顶200mm以上。沿声测管长度方向每隔2m绑扎一道铁丝。

（6）被检测的混凝土龄期应大于28d。

4.4.5 钻芯、钻孔试验设计

为了进一步检测桩身强度、灌注桩后注浆效果、沉渣厚度，分别对桩身进行混凝土钻芯试验（桩身强度、桩端注浆效果鉴别）、桩侧钻孔试验（桩端、桩侧注浆效果鉴别）。

选取 6 根桩做桩身混凝土钻芯试验、5 根桩做桩侧钻孔试验。

（1）混凝土钻芯设备：钻取芯样采用液压操纵的钻机。钻机配备单动双管钻具以及相应的孔口管、扩孔器、卡簧、扶正稳定器和可捞取松软渣样的钻具。钻杆顺直，直径为 50mm。钻头根据混凝土设计强度等级选用合适粒度、浓度、胎体硬度的金刚石钻头，且外径不小于 100mm。钻头胎体不得有肉眼可见的裂纹、缺边、少角、倾斜及喇叭口变形。水泵的排水量为 50～160L/min，泵压为 1.0～2.0MPa。

（2）现场操作：每根受检桩的钻芯孔数为 1 孔，在距桩中心 10～15cm 的位置开孔。钻探深度应达到设计桩底以下 2.0m，并采用适宜的方法对桩端持力层岩土性状进行鉴别。钻取的芯样由上而下按回次顺序放进芯样箱中，芯样侧面上清晰标明回次数、块号、本回次总块数，并做初步描述。钻芯结束后，应对芯样标有工程名称、桩号、钻芯孔号、芯样试件采取位置、桩长、孔深、检测单位名称的标示牌的全貌进行拍照。

当单桩质量评价满足设计要求时，采用 0.5～1.0MPa 压力，从钻芯孔孔底往上用水泥浆回灌封闭；否则封存钻芯孔，留待处理。

（3）芯样试件加工：按照芯样室内试验要求进行试件的取样。钻芯取样从上至下共取 6 组，制作芯样试件并按规范要求进行抗压强度试验。

上部芯样位置距桩顶设计标高不大于 1 倍桩径或 1m，下部芯样位置距桩底不大于 1 倍桩径或 1m，中间芯样等间距截取。每组芯样制作 3 个芯样抗压试件，芯样试件按规范要求加工和测量。

（4）芯样试件抗压强度试验：芯样试件制作完毕后立即进行抗压试验。

混凝土芯样试件抗压强度按下列公式计算：

$$f_{cu} = \varepsilon \frac{4P}{\pi d^2}$$

式中：f_{cu}——混凝土芯样试件抗压强度（MPa），精确至 0.1 MPa；

P——芯样试件抗压试验测得的破坏荷载（N）；

d——芯样试件的平均直径（mm）；

ε——混凝土芯样试件抗压强度折算系数，应考虑芯样尺寸效应、钻芯机械对芯样扰动和混凝土成型条件的影响，通过试验统计确定；当无试验统计资料时，取 1.0。

（5）钻孔试验现场操作：每根受检桩侧的钻孔数量为 2 孔，在距桩侧壁 20～30cm 的位置对称开孔。钻探深度应达到设计桩底以下 2.0m，要求取芯率不低于 80%，对芯样进行现场描述、鉴别，并做好记录。

4.4.6　试验桩振弦式钢筋应力传感器设计

（1）振弦式传感器设置

为测试验桩桩侧极限侧阻力及桩端极限端阻力，须在试验桩中安装振弦式钢筋应力传感器进行桩身内力测试，每根试验桩安装 3～4 组传感器，每组 3 只振弦式传感器，分布在桩顶以下各主要土层分界面及桩端附近。

（2）振弦式传感器的设置安装要求

① 钢筋计按指定位置沿桩周均匀分布，焊在主筋上，并满足规范对搭接长度的要求，详见图 4.4-8。

② 在焊接钢筋计时，为避免热传导使钢筋计零漂增加，采用焊接方式，应满足以下要求：钢筋应力计与钢筋焊接可采用绑条焊。焊接时仪器应采用棉纱包裹，浇水冷却，使仪器温度不超过 60℃，用冷水降低仪器温度时，不要将冷水浇至焊缝处，以免影响焊接

图 4.4-8　钢筋应力计安装示意图

质量。需保证焊接强度不低于钢筋强度，并注意受力钢筋接头应距钢筋应力计两端接头不小于 1.5m。电缆引出时，为了防止凿桩头时对电缆造成损坏，桩顶电缆外套硬质 PVC 管（约 5m）进行保护。

③ 仪器安装并检验合格正常工作后，方可进行桩身混凝土灌注。在混凝土灌注时，采用水下灌注混凝土的方式，避免振捣对传感器和电缆造成破坏。

④ 仪器安装埋设完成后，应及时观测初始值，并做好标记，以防人为损坏。吊放钢筋笼、浇筑混凝土以及后续土方开挖时，均需加强对检测器件的保护。

（3）桩身内力和位移测试数据采集和分析

① 数据采集和荷载计算

在桩身钢筋笼上安装的钢筋计，通过读数仪采集到试验时钢筋计的频率模数该模数与钢筋受力成正比，通过下面公式计算钢筋所受荷载（受力）：$F = (R_1 - R_0) \times G + (T_0 - T_1) \times K$（$F$ 为钢筋计所受荷载，单位 kN，正值表示钢筋受拉，负值表示钢筋受压；R_0 为初始读数，在安装时获得；R_1 为当前读数；G 为所提供的率定表中的率定系数；T_0 为安装时的初始温度；T_1 当前温度；K 为传感器的温度修正系数，通常情况下，由于温度对振弦传感器影响甚小，可不予修正）。

② 根据测试结果对数据进行整理，在整理过程中将变化无规律的测点删除，求出同一断面有效测点的应变平均值，并按下式计算该断面处桩身轴力：

$$Q_i = E_i \cdot \varepsilon_i \cdot A_i$$

式中：Q_i——桩身第 i 断面处轴力（kN）；

　　　　ε_i——第 i 断面处应变平均值；

　　　　E_i——第 i 断面处桩身材料弹性模量（kPa）；当桩身断裂、配筋一致时，按标定断面处的应力与应变的比值确定；

　　　　A_i——第 i 断面处桩身截面面积（m²）。

③ 按每级试验荷载下桩身不同断面处的轴力值制成表格，并绘制轴力分布图。再由桩顶极限荷载下对应的各断面轴力值计算桩侧土的分层极限摩阻力和桩端阻力：

$$q_{si} = \frac{Q_i - Q_{i+1}}{u \cdot l_i}$$

$$q_p = \frac{Q_n}{A_0}$$

式中：q_{si}——第 i 断面与第 $i+1$ 断面间侧摩阻力（kPa）；

q_p——桩端阻力（kPa）；

u——桩身周长（m）；

l_i——第 i 断面与第 $i+1$ 断面之间的桩长（m）；

Q_n——桩端的轴力（kN）；

A_0——桩端面积（m^2）。

4.5　试验桩施工过程简介

4.5.1　旋挖钻孔灌注桩施工

1. 旋挖钻孔灌注桩施工简介

（1）施工图深化设计、编制施工方案。

（2）施工准备，测量放线、场地整平、土方回填压实施工（图 4.5-1）。

图 4.5-1　场地整平、回填压实施工

（3）钢筋笼加工，应力计、注浆管、声测管安装（图 4.5-2、图 4.5-3）。

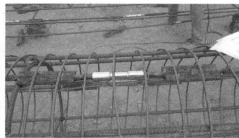

图 4.5-2　钢筋笼加工、钢筋应力计安装

图 4.5-3　钢筋笼验收及钢筋应力计保护

（4）旋挖钻机成孔、钢筋笼吊装及浇灌混凝土（图 4.5-4～图 4.5-8）。

图 4.5-4　护筒埋设及桩位复核

图 4.5-5　泥浆配比指标控制

图 4.5-6　下钢筋笼、混凝土浇筑

图 4.5-7　场地内探坑及地表下沉情况

图 4.5-8　钻孔出土土质及塌孔情况

2. 旋挖钻孔灌注桩泥浆配比指标、混凝土充盈系数统计

试验桩工程混凝土充盈系数统计表　　　　　　　　表 4.5-1

桩位编号	桩长（m）	桩径（m）	理论方量（m³）	实际用量（m³）	充盈系数	泥浆相对密度	含砂率（%）	泥浆黏度（s）
CUB-1	10.5	0.8	5.28	7	1.3	1.1	5	23
CUB-2	10.5	0.8	5.28	8	1.5	1.2	4	26
A-1	9.5	0.8	4.78	7.5	1.57	1.15	7	27
A-2	9.5	0.8	4.78	7.5	1.57	1.2	5	25
A-3	9.5	0.8	4.78	6.5	1.36	1.2	6	24
B-1	10.5	0.8	5.28	7.8	1.48	1.15	5	23
B-2	10.5	0.8	5.28	7	1.32	1.2	4	27
B-3	10.5	0.8	5.28	7	1.32	1.2	4	27
C-1	11.5	0.8	5.78	7.8	1.34	1.2	4	27
C-2	11.5	0.8	5.78	7.5	1.29	1.2	5	26
C-3	13	0.8	6.53	8.6	1.31	1.2	5	28

4.5.2 后压浆施工

1. 后压浆施工简介

（1）设备进场，施工准备，桩侧、桩端注浆（图4.5-9）；

（2）桩侧、桩端后压浆，压浆量满足设计要求，详见表4.5-2。

图4.5-9 后压浆施工

2. 后压浆注浆量、压力、注浆时间

后压浆注浆量、压力、注浆时间统计表 表4.5-2

桩位编号	部位	注浆量（t）	注浆管理深（m）	终止压力（MPa）
A-1 号桩	桩侧	0.75	6.1	3
	桩端	1.82	9.7	4
A-2 号桩	桩侧	0.86	6.1	4
	桩端	1.82	9.7	4
A-3 号桩	桩侧	0.86	6.1	4
	桩端	1.93	9.7	3
B-1 号桩	桩侧	0.86	6.1	6
	桩端	1.93	10.7	3
B-2 号桩	桩侧	0.75	6.1	4
	桩端	1.93	10.7	4
B-3 号桩	桩侧	0.75	6.1	4
	桩端	1.82	10.7	4
C-1 号桩	桩侧	1.18	6.1	5
	桩端	2.57	11.8	6

桩位编号	部位	注浆量（t）	注浆管埋深（m）	终止压力（MPa）
C-2 号桩	桩侧	0.75	6.1	2.5
	桩端	1.82	11.7	7
C-3 号桩	桩侧	0.75	6.1	4
	桩端	2.04	13.2	3
CUB-1 号桩	桩侧	1.29	6.1	2
	桩端	1.82	10.7	4
CUB-2 号桩	桩侧	1.18	6.1	3
	桩端	1.93	10.7	8

4.5.3　试验桩桩基检测

（1）桩帽施工制作；

（2）桩身完整性检测（图 4.5-10）；

图 4.5-10　桩身完整性检测

（3）堆载法场地地基处理（图 4.5-11）；

图 4.5-11　试验作业平台换填压实

（4）静载荷试验（图 4.5-12、图 4.5-13）；

图 4.5-12 静载荷试验作业平台面

图 4.5-13 静载荷试验堆载

（5）钻孔钻芯试验（图 4.5-14）。

图 4.5-14 现场钻孔、钻芯样品

4.6　试验桩工程工作量统计

4.6.1　试验桩施工及检测工程量

（1）试验桩工程的主要工程量如表 4.6-1 所示。

钢筋混凝土灌注桩总计完成 11 根，桩长合计 117m，钢筋笼合计约 4.0t，混凝土合计 83m³。后压浆总计完成 11 根，注浆水泥材料为 P·O42.5R 普通硅酸盐水泥，水泥用量约 28t，检测工程量详见表 4.6-1。

试验桩工程量统计　　　　　　　　　　　　　　　　表 4.6-1

试验项目		试验桩数量（根）	工程量	试验要求
静载试验	灌注桩单桩承载力	3	3 台	最大加载量 13000kN，FAB 厂房 A 组 3 根
	灌注桩单桩承载力	5	5 台	最大加载量 8500kN，FAB 厂房 B 组 3 根，CUB 检测 2 根
	灌注桩单桩承载力	3	3 台	最大加载量 9000kN，FAB 厂房 C 组 3 根
	桩侧、桩端阻力	11	105 个	桩身应力测试，应力计总计 105 个，CUB 检测 2 根，FAB 检测 9 根
桩身完整性	桩身混凝土强度	6	36 组	B-1、A-2、A-3、C-2、C-3、CUB-2 采用钻芯法，每根取 6 组试块进行桩身强度检测
	声波透射法	11	11 根	CUB 检测 2 根，FAB 检测 9 根
注浆效果鉴别	桩芯钻孔	7	76.5m	B-1、A-2、A-3、C-2、C-3、CUB-2 采用钻芯法，分别为单根桩 1 个钻孔，每个钻孔深度至桩底以下 2.0m。CUB 抽检 1 根，FAB 抽检 5 根
	桩侧钻孔	5	62.5m	B-2、B-3、A-1、C-1、CUB-1 采用地质 150 钻机钻孔，单根桩桩侧布置 2 个钻孔，钻孔深度至桩底以下 2.0m，CUB 抽检 1 根，FAB 抽检 3 根

4.7　钻孔灌注桩静载荷试验结果分析

4.7.1　单桩静载荷试验结果

本次试验共计分为三组，分别为 A 组，有效桩长 8.5m，桩径 800mm，设计要求单桩极限承载力标准值为 13000kN；B 组有效桩长 9.5m，桩径 800mm，设计要求单桩极限承载力标准值为 8500kN；C 组除 C-3 号有效桩长 12.0m 外，其他桩有效桩长 10.5m，桩径均为 800mm，设计要求单桩极限承载力标准值为 9000kN。

1. A 组试验桩单桩静载荷试验结果

（1）A-1 号试验桩单桩静载荷试验结果

A-1 号桩单桩竖向抗压测试成果表   表 4.7-1

序号	荷载（kN）	历时（min）		沉降（mm）	
		本级	累计	本级	累计
1	2600	150	150	3.170	3.170
2	3900	150	300	2.020	5.190
3	5200	150	450	1.950	7.140
4	6500	150	600	2.100	9.240
5	7800	150	750	2.100	11.340
6	9100	150	900	2.160	13.490
7	10400	150	1050	2.560	16.060
8	11700	150	1200	2.600	18.660
9	13000	150	1350	3.320	21.980
10	10400	60	1410	−0.190	21.790
11	7800	60	1470	−1.300	20.490
12	5200	60	1530	−1.370	19.120
13	2600	60	1590	−2.340	16.780
14	0	180	1770	−5.110	11.670
最大沉降（mm）：21.98		最大回弹（mm）：10.31		回弹率：46.91%	

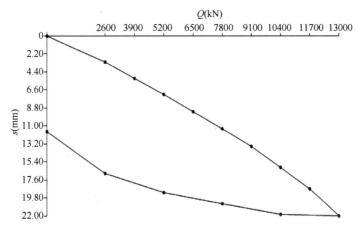

图 4.7-1   A-1 号试验桩 Q-s 曲线

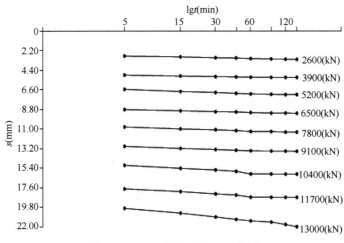

图 4.7-2   A-1 号试验桩 s-lgt 曲线

（2）A-2号试验桩单桩静载荷试验结果

A-2号桩单桩竖向抗压测试成果表　　　　　　　　表4.7-2

序号	荷载（kN）	历时（min）		沉降（mm）	
		本级	累计	本级	累计
1	2620	120	120	1.840	1.840
2	3930	120	240	1.140	2.970
3	5240	150	390	1.500	4.470
4	6550	150	540	1.460	5.930
5	7860	120	660	2.120	8.050
6	9170	150	810	2.530	10.580
7	10480	120	930	2.700	13.290
8	11790	120	1050	4.450	17.730
9	13100	120	1170	7.440	25.170
10	10480	60	1230	−0.380	24.800
11	7860	60	1290	−1.080	23.720
12	5240	60	1350	−1.770	21.950
13	2620	60	1410	−1.810	20.140
14	0	180	1590	−3.120	17.020
最大沉降（mm）：25.17		最大回弹（mm）：8.16		回弹率：32.40%	

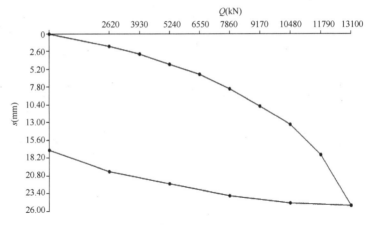

图4.7-3　A-2号试验桩 Q-s 曲线

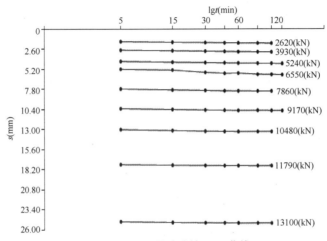

图4.7-4　A-2号试验桩 s-lgt 曲线

（3）A-3号试验桩静载荷试验结果

A-3号试验桩单桩竖向抗压测试成果表

表 4.7-3

序号	荷载（kN）	历时（min）		沉降（mm）	
		本级	累计	本级	累计
1	2600	120	120	0.750	0.750
2	3900	120	240	0.380	1.130
3	5200	150	390	0.720	1.850
4	6500	150	540	1.590	3.440
5	7800	150	690	3.070	6.510
6	9100	150	840	3.690	10.200
7	10400	150	990	4.080	14.280
8	11700	150	1140	3.800	18.080
9	13000	90	1230	27.970	46.050
最大沉降（mm）：46.05		最大回弹（mm）：0.00		回弹率：0.00%	

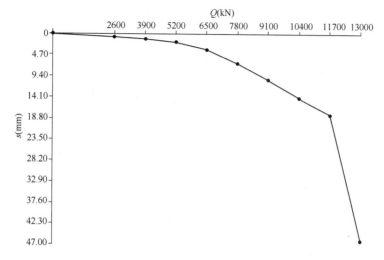

图 4.7-5 A-3号试验桩 Q-s 曲线

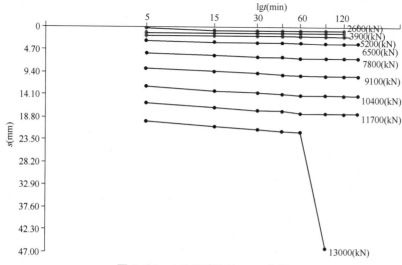

图 4.7-6 A-3号试验桩 s-lg$t$ 曲线

2. B组试验桩单桩静载荷试验结果

（1）B-1号试验桩静载荷试验结果

B-1号试验桩单桩竖向抗压测试成果表

表 4.7-4

序号	荷载（kN）	历时（min）		沉降（mm）	
		本级	累计	本级	累计
1	1700	120	120	4.190	4.190
2	2550	120	240	1.850	6.030
3	3400	120	360	1.160	7.190
4	4250	150	510	1.360	8.550
5	5100	210	720	0.880	9.430
6	5950	120	840	0.780	10.210
7	6800	150	990	1.090	11.300
8	7650	150	1140	0.930	12.230
9	8500	150	1290	1.540	13.770
10	6800	60	1350	−0.030	13.740
11	5100	60	1410	−0.170	13.570
12	3400	60	1470	−0.200	13.370
13	1700	60	1530	−0.570	12.800
14	0	210	1740	−2.040	10.760
最大沉降（mm）：13.77		最大回弹（mm）：3.01			回弹率：21.85%

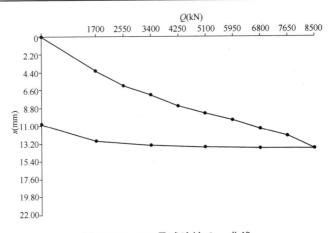

图 4.7-7　B-1号试验桩 Q-s 曲线

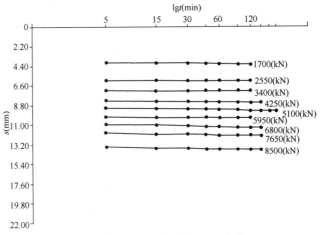

图 4.7-8　B-1号试验桩 s-lg$t$ 曲线

（2）B-2号试验桩静载荷试验结果

序号	荷载（kN）	历时（min）		沉降（mm）	
		本级	累计	本级	累计
1	1700	120	120	1.760	1.760
2	2550	120	240	0.910	2.660
3	3400	120	360	1.060	3.730
4	4250	120	480	1.380	5.100
5	5100	120	600	1.750	6.850
6	5950	120	720	1.690	8.540
7	6800	120	840	1.650	10.190
8	7650	120	960	1.670	11.860
9	8500	120	1080	1.680	13.540
10	6800	60	1140	−0.100	13.450
11	5100	60	1200	−0.250	13.190
12	3400	60	1260	−0.290	12.900
13	1700	60	1320	−0.490	12.410
14	0	180	1500	−1.270	11.140
最大沉降（mm）：13.54		最大回弹（mm）：2.40		回弹率：17.74%	

表 4.7-5 **B-2号试验桩单桩竖向抗压测试成果表**

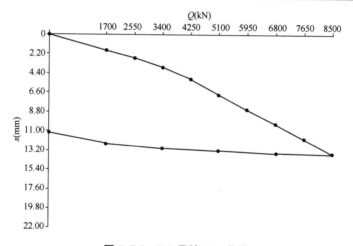

图 4.7-9 B-2 号桩 Q-s 曲线

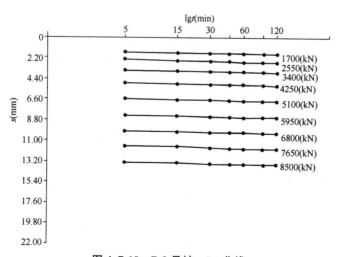

图 4.7-10 B-2 号桩 s-lg$t$ 曲线

161

（3）B-3 号试验桩静载荷试验结果

B-3 号桩单桩竖向抗压测试成果表 表 4.7-6

序号	荷载（kN）	历时（min）		沉降（mm）	
		本级	累计	本级	累计
1	1700	120	120	0.840	0.840
2	2550	120	240	0.830	1.670
3	3400	120	360	0.850	2.520
4	4250	120	480	0.990	3.510
5	5100	150	630	1.090	4.600
6	5950	150	780	1.360	5.960
7	6800	150	930	1.580	7.540
8	7650	165	1095	1.890	9.430
9	8500	150	1245	2.390	11.820
10	6800	60	1305	−0.790	11.030
11	5100	60	1365	−0.770	10.260
12	3400	60	1425	−0.970	9.290
13	1700	60	1485	−1.130	8.160
14	0	180	1665	−3.400	4.760
最大沉降（mm）：11.82		最大回弹（mm）：7.06		回弹率：59.72%	

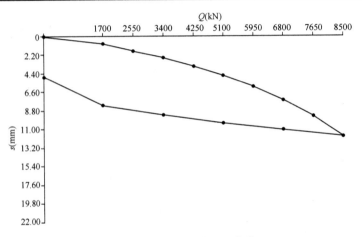

图 4.7-11　B-3 号桩 Q-s 曲线

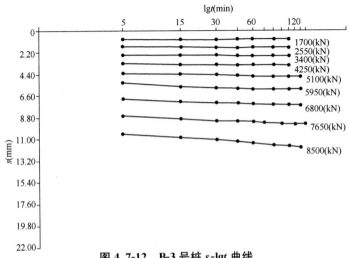

图 4.7-12　B-3 号桩 s-lg t 曲线

（4）CUB-1 号试验桩静载荷试验结果

CUB-1 号桩单桩竖向抗压测试成果表   表 4.7-7

序号	荷载（kN）	历时（min）		沉降（mm）	
		本级	累计	本级	累计
1	1800	120	120	1.260	1.260
2	2700	120	240	0.570	1.830
3	3600	150	390	0.800	2.630
4	4500	150	540	0.800	3.440
5	5400	150	690	0.940	4.380
6	6300	150	840	1.170	5.550
7	7200	150	990	1.800	7.350
8	8100	150	1140	2.030	9.380
9	9000	150	1290	3.190	12.570
10	7200	60	1350	−0.320	12.240
11	5400	60	1410	−0.280	11.960
12	3600	60	1470	−0.670	11.290
13	1800	60	1530	−1.040	10.260
14	0	180	1710	−1.430	8.820
最大沉降（mm）：12.57		最大回弹（mm）：3.75		回弹率：29.80%	

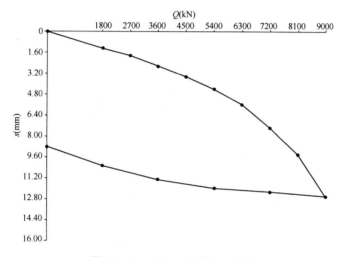

图 4.7-13 CUB-1 号桩 Q-s 曲线

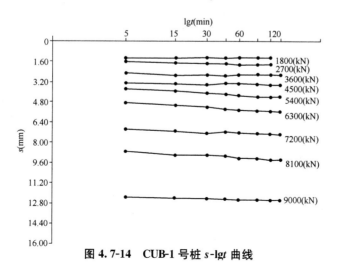

图 4.7-14 CUB-1 号桩 s-lg$t$ 曲线

（5）CUB-2 号试验桩静载荷试验结果

CUB-2 号桩单桩竖向抗压测试成果表   表 4.7-8

序号	荷载（kN）	历时（min）		沉降（mm）	
		本级	累计	本级	累计
1	1800	120	120	0.570	0.570
2	2700	120	240	0.470	1.050
3	3600	150	390	0.700	1.750
4	4500	150	540	0.830	2.580
5	5400	150	690	1.010	3.600
6	6300	150	840	1.270	4.860
7	7200	150	990	1.410	6.280
8	8100	150	1140	1.780	8.060
9	9000	150	1290	2.550	10.610
10	7200	60	1350	−0.120	10.490
11	5400	60	1410	−0.320	10.170
12	3600	60	1470	−0.630	9.540
13	1800	60	1530	−0.770	8.770
14	0	180	1710	−1.100	7.680
最大沉降（mm）：10.61		最大回弹（mm）：2.93		回弹率：27.66%	

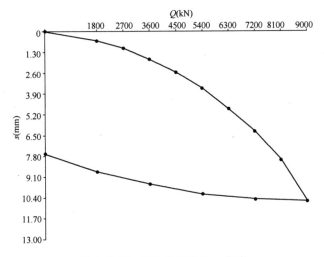

图 4.7-15　CUB-2 号桩 Q-s 曲线

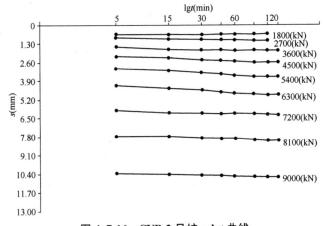

图 4.7-16　CUB-2 号桩 s-lgt 曲线

3. C组试验桩单桩静载荷试验结果

（1）C-1号试验桩检测结果

C-1号试验桩单桩竖向抗压测试成果表 表4.7-9

序号	荷载（kN）	历时（min）		沉降（mm）	
		本级	累计	本级	累计
1	1800	120	120	5.430	5.430
2	2700	120	240	1.370	6.810
3	3600	120	360	0.990	7.790
4	4500	120	480	0.850	8.650
5	5400	120	600	0.770	9.420
6	6300	120	720	0.560	9.980
7	7200	120	840	1.120	11.100
8	8100	120	960	1.380	12.480
9	9000	120	1080	2.820	15.300
10	7200	60	1140	−0.180	15.110
11	5400	60	1200	−0.280	14.840
12	3600	60	1260	−0.640	14.190
13	1800	60	1320	−0.740	13.450
14	0	180	1500	−1.440	12.010
最大沉降（mm）：15.30		最大回弹（mm）：3.28		回弹率：21.47%	

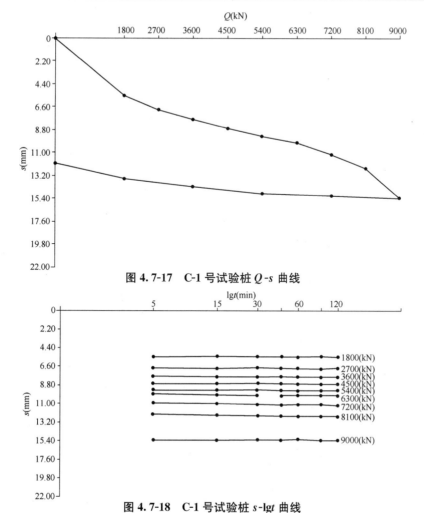

图 4.7-17 C-1号试验桩 Q-s 曲线

图 4.7-18 C-1号试验桩 s-lgt 曲线

（2）C-2 号试验桩单桩静载荷试验结果

C-2 号试验桩单桩竖向抗压测试成果表 表 4.7-10

序号	荷载（kN）	历时（min）		沉降（mm）	
		本级	累计	本级	累计
1	1800	120	120	1.640	1.640
2	2700	120	240	1.040	2.680
3	3600	120	360	1.120	3.800
4	4500	120	480	1.080	4.880
5	5400	120	600	0.990	5.880
6	6300	120	720	1.150	7.030
7	7200	120	840	1.010	8.040
8	8100	120	960	1.470	9.510
9	9000	120	1080	1.540	11.050
10	7200	60	1140	−0.360	10.680
11	5400	60	1200	−0.530	10.150
12	3600	60	1260	−0.970	9.180
13	1800	60	1320	−0.800	8.380
14	0	180	1500	−1.480	6.890
最大沉降（mm）：11.05		最大回弹（mm）：4.15			回弹率：37.62%

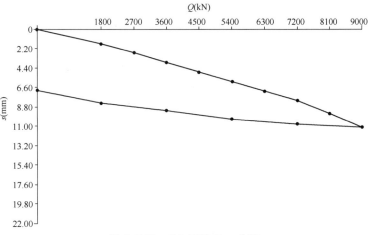

图 4.7-19 C-2 号桩 Q-s 曲线

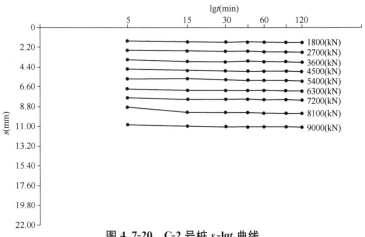

图 4.7-20 C-2 号桩 s-lgt 曲线

（3）C-3 号试验桩静载荷试验结果

C-3 号桩单桩竖向抗压测试成果表　　　　　　　　表 4.7-11

序号	荷载（kN）	历时（min）		沉降（mm）	
		本级	累计	本级	累计
1	1800	150	150	1.650	1.650
2	2700	150	300	0.850	2.500
3	3600	120	420	0.980	3.480
4	4500	120	540	0.990	4.470
5	5400	120	660	1.000	5.470
6	6300	120	780	1.090	6.560
7	7200	120	900	1.070	7.630
8	8100	150	1050	1.360	8.990
9	9000	120	1170	1.640	10.630
10	7200	60	1230	−0.050	10.590
11	5400	60	1290	−0.200	10.390
12	3600	60	1350	−0.380	10.010
13	1800	60	1410	−0.520	9.490
14	0	180	1590	−0.880	8.610
最大沉降（mm）：10.63		最大回弹（mm）：2.03		回弹率：19.07%	

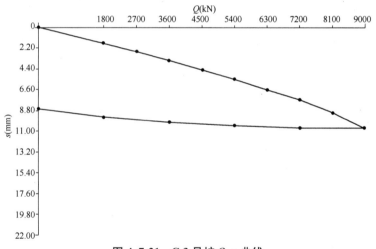

图 4.7-21　C-3 号桩 Q-s 曲线

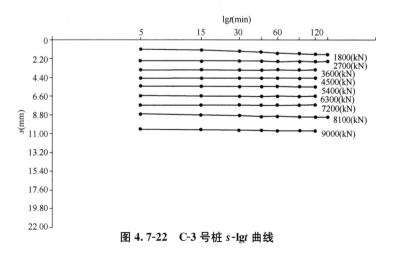

图 4.7-22　C-3 号桩 s-lgt 曲线

4.7.2 桩身轴力测试数据分析

1. 桩身钢筋应力实测数据汇总

为测试桩侧极限侧阻力及桩端极限端阻力，须在试桩中安装振弦式钢筋应力计进行桩身内力测试，本试验11根试验桩的桩身主筋上预设钢筋应力计，应力计规格根据桩身主筋直径20mm确定，用于测试加载过程中钢筋应力的变化。每根试桩按照土层分界面、桩端各安装一组的原则，分布在桩顶以下各主要土层分界面及桩端附近，每测试断面埋设3只应力计（呈120°中心夹角均匀布置）。

钢筋应力计实测的测试值为频率，单位为Hz，按各个应力计标定曲线方程换算后的钢筋轴力单位为kN。每个断面的3只应力计换算轴力后取平均值，各断面钢筋轴力值见表4.7-12~表4.7-15。

A组试验桩各断面钢筋换算轴力表   表4.7-12

断面	埋置深度	加载1	加载2	加载3	加载4	加载5	加载6	加载7	加载8	加载9
	m	2600kN	3900kN	5200kN	6500kN	7800kN	9100kN	10400kN	11700kN	13000kN
1	2.0	−8.2	−12.2	−16.1	−20.0	−23.8	−27.3	−30.5	−34.5	−38.4
2	4.0	−7.1	−10.0	−13.3	−16.7	−20.3	−23.4	−25.6	−29.3	−32.6
3	8.0	−4.5	−6.2	−8.4	−10.5	−13.4	−15.1	−16.8	−19.5	−21.9

B组试验桩各断面钢筋换算轴力表   表4.7-13

断面	埋置深度	加载1	加载2	加载3	加载4	加载5	加载6	加载7	加载8	加载9
	m	1700kN	2550kN	3400kN	4250kN	5100kN	5950kN	6800kN	7650kN	8500kN
1	1.5	−5.4	−8.1	−10.6	−13.0	−15.9	−18.7	−21.5	−24.4	−26.9
2	4	−4.4	−6.4	−8.1	−10.0	−12.1	−14.4	−16.6	−19.0	−20.9
3	9	−2.6	−3.6	−4.6	−5.2	−6.6	−8.3	−9.8	−10.8	−12.0

C组试验桩各断面钢筋换算轴力表   表4.7-14

断面	埋置深度	加载1	加载2	加载3	加载4	加载5	加载6	加载7	加载8	加载9
	m	1800kN	2700kN	3600kN	4500kN	5400kN	6300kN	7200kN	8100kN	9000kN
1	2	−5.1	−7.3	−9.2	−11.7	−14.5	−17.3	−19.7	−22.3	−24.2
2	5	−4.0	−5.4	−6.3	−7.9	−9.9	−12.5	−14.4	−16.5	−18.0
3	10	−2.1	−3.1	−4.0	−4.9	−6.2	−7.6	−9.4	−11.1	−12.5

CUB组试验桩各断面钢筋换算轴力表   表4.7-15

断面	埋置深度	加载1	加载2	加载3	加载4	加载5	加载6	加载7	加载8	加载9
	m	1800kN	2700kN	3600kN	4500kN	5400kN	6300kN	7200kN	8100kN	9000kN
1	1.5	−5.8	−8.2	−10.5	−13.1	−16.2	−19.3	−22.0	−24.5	−27.1
2	3	−5.0	−6.7	−8.1	−10.2	−12.9	−15.9	−18.4	−20.4	−22.5
3	9	−2.7	−3.7	−4.7	−5.8	−6.7	−8.1	−9.5	−11.2	−12.5

注：个别断面应力计损坏，导致数据离散性较大，需对数据进行分析和筛选。

2. 灌注桩侧摩阻力的测试与计算

（1）灌注桩桩身钢筋应力测试

本试验测试及计算原理是：通过测试桩身钢筋应力，计算桩身各截面轴力及桩身各段侧摩阻力。

钢筋应力的测试采用振弦式钢筋应力计。其规格与主筋相同，钢筋应力计通过直螺纹套筒连接在主筋上，钢筋应力计按量测断面设置，桩顶以下第一组传感器数值作为标定，每根试桩按照土层分界面、桩端及每5m安装一组的原则，分布在桩顶以下各主要土层分界面及桩端附近，每个测试断面埋设3只应力计（呈120°中心夹角均匀布置）。连接应力计的电缆用柔性材料做防水绝缘保护，绑扎在钢筋笼上引至地面，所有的应力计均用明显的标记编号，并加以保护。

利用32位应力计数据采集仪测量应力计频率。在静载荷试验加载以前，先测量各钢筋应力计的初始频率 f_0，静载荷试验每级加载达到相对稳定后，量测各钢筋应力计的频率值 f_i，钢筋应力 F（kN）的计算公式如下：

$$F = K \cdot (f_i^2 - f_0^2)$$

其中，K 为各应力计出厂标定系数。

（2）桩身轴力及侧摩阻力计算原理见本书 1.6.2 节。

（3）单桩受力特征分布曲线

单桩在桩顶荷载作用下，荷载通过桩身向桩端传递，随着荷载的增加，其传递规律因桩侧地质特征的差异以及桩端地质条件的差异而呈现出不同的特点。图 4.7-23～图 4.7-25 为实测单桩钢筋应力经过上述原理计算后桩身轴力随桩顶荷载变化的分布曲线、桩身侧摩阻力分布曲线及荷载分担比曲线。

4.7.3 桩身轴力传递与桩侧阻力分布特征

通过对本项目4组试验共11根桩单桩静力载荷全过程即加载—卸载的试验数据分析，对不同加载条件下桩身轴力、桩侧摩阻力、不同深度桩身截面应力变化规律进行对比，归纳出本次试验桩具有如下特征。

1. 桩身轴力传递特征

桩身轴力-桩顶荷载随深度变化关系曲线见图 4.7-23，桩身轴力传递呈现出一致规律即由上而下逐渐递减，桩身轴力随深度分布呈现"上大下小"，由上往下均匀递减。由于本次试验单桩最大加载受堆载的限制，各桩均未加载到极限值，所以在卸载阶段，桩身轴力随深度的变化各断面均能一致降低，桩体呈现良好的线弹性。

2. 桩侧阻力分布特征

桩身侧摩阻力-桩顶荷载随深度变化曲线见图 4.7-24，桩身侧摩阻力随桩身分布形态呈现出一致规律，且都表现为正摩阻力随着桩顶荷载的增加，桩顶沉降增大，桩身各截面侧摩阻力逐步增加。在桩顶荷载加载到最大值时，桩身侧摩阻力达到最大值，侧阻力最大峰值高达 539.0kPa，平均值为 462.5kPa。

在桩顶加载逐级递增时，桩身受力荷载分担比见图 4.7-25，桩顶加载到最大值时，桩侧阻力、桩端阻力分担比如表 4.7-16 所示。

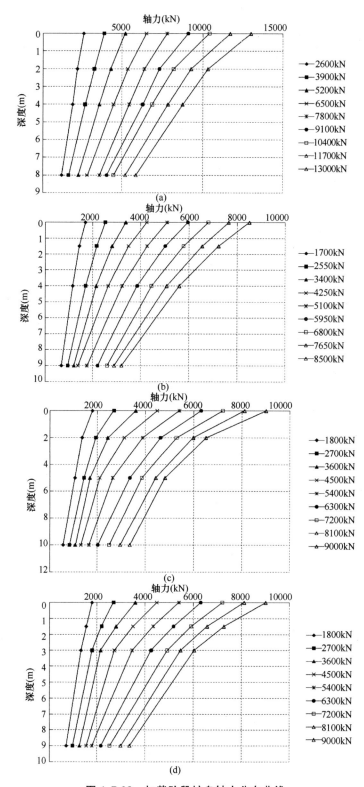

图 4.7-23　加载阶段桩身轴力分布曲线

(a) A 组桩；(b) B 组桩；(c) C 组桩；(d) CUB 组桩

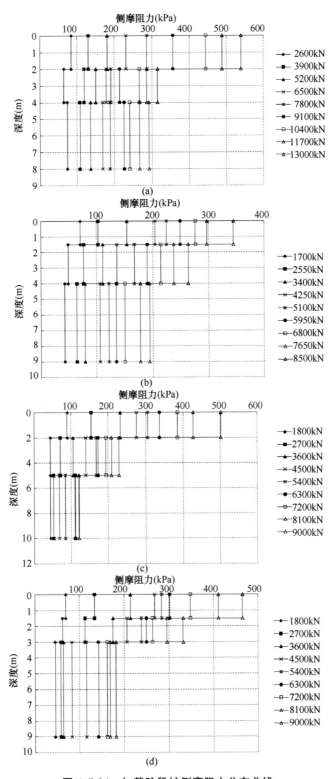

图 4.7-24　加载阶段桩侧摩阻力分布曲线

（a）A 组桩；（b）B 组桩；（c）C 组桩；（d）CUB 组桩

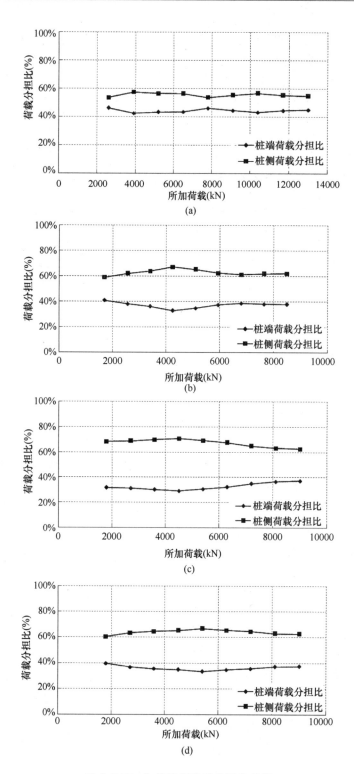

图 4.7-25　加载阶段荷载分担比曲线

（a）A 组桩；（b）B 组桩；（c）C 组桩；（d）CUB 组桩

桩身荷载分担比统计表　　　　　　　　　　　　表 4.7-16

试验组号	受力部位 工况	桩身受力分担比例（%）		备注
		桩侧阻力	桩端阻力	
A 组	桩侧、桩端注浆	56.8	43.2	
B 组	桩侧、桩端注浆	62.1	37.9	
C 组	桩侧、桩端注浆	62.7	37.3	
CUB 组	桩侧、桩端注浆	62.6	37.4	

由表 4.7-16 可知，在最大加载情况下，桩侧范围内土层分担了大部分荷载，占桩顶所加荷载的 56.8%～62.7%，桩端分担的荷载略小，占桩顶所加荷载的 37.3%～43.2%。由此说明，由于桩长较短桩身压缩量小，桩顶位移会较快地传递到桩端，从而使得桩身侧摩阻力得以充分发挥，桩端也随桩顶荷载的增加而分担较大比例的桩顶荷载。

3. 单桩承载力分析

静载荷试验桩共完成了 11 根。FAB 厂房试验桩 9 根，其中 A 组试验桩 3 根，桩长 8.5m，单桩竖向极限承载力标准值 13000kN；B 组试验桩 3 根，桩长 9.5m，单桩竖向极限承载力标准值 8500kN；C 组试验桩 3 根，桩长 10.5m，单桩竖向极限承载力标准值 9000kN；CUB 厂房试验桩 2 根，桩长 9.5m，单桩竖向极限承载力标准值 9000kN。除 A-3 号桩外，均未达到极限值，从单桩 $Q\text{-}s$ 曲线形态上来看，各桩均呈线弹性状态，承载力还具有一定的潜力。

通过对桩身轴力、桩侧摩阻力、不同深度桩身截面应力变化规律的分析，可知桩侧摩阻力分担桩顶荷载比例为 56.8%～62.7%，平均值为 59.8%略大于桩端阻力分担值。

4.7.4　桩侧、桩端阻力后压浆测试结果分析

本次试验桩均进行了桩端、桩侧后注浆，结合桩基静载荷试验和桩身应力测试结果，经过数据整理和计算与勘察报告提供的桩端、桩侧阻力计算参数进行单桩极限承载力计算比较，从而得出本试验桩采用后压浆施工技术后，桩侧、桩端阻力综合提高系数详见表 4.7-17。

后注浆桩侧、桩端阻力综合提高系数　　　　　　表 4.7-17

类别	试验桩荷载加载值 （kN）	有效桩长 （m）	灌注桩平均充盈系数	极限侧阻力综合提高系数	极限端阻力综合提高系数
A 组	13000	8.50		2.98	4.02
B 组	8500	9.50	1.39	2.02	2.56
C 组	9000	10.50-12.0		1.57	2.67

由表 4.7-17 可以看出，由于场地地层为砂卵石，钻机钻孔过程中尽管采用了泥浆护壁，但孔壁坍塌现象仍然比较普遍，使得灌注桩平均充盈系数达到 1.39，相当于增大了灌注桩直径，另外由于砂卵石孔隙率大，水泥浆渗透较为容易，水泥浆与砂卵石胶结强度高，经桩端、桩侧后注浆后使桩侧、桩端阻力综合提高系数增大。

4.8　结论

（1）针对本场地砂卵石地层条件，桩基设计采用短桩，桩长约10m，桩端持力层为砂卵石层，钻孔灌注桩采用旋挖钻机成孔、泥浆护壁、水下灌注混凝土工艺是可行的。

（2）在泥浆相对密度、黏度、含砂率符合规范要求时，灌注桩混凝土充盈系数较大，平均值为1.39。

（3）试验桩采用后压浆技术后，A组试验桩最大加载值均为13000kN，除A-3号试验桩最后一级荷载达到极限破坏状态外，其余两根桩桩顶累计沉降值均低于40mm（规范判定极限承载力的桩顶位移$s=40$mm）；B组试验桩最大加载值达8500kN，C组试验桩最大加载值达9000kN时，桩顶累计沉降值均低于桩顶极限位移值40mm，具体试验结果见表4.8-1。

试验桩单桩静载荷试验结果　　　　　表4.8-1

类别	桩号	有效桩长（m）	单桩竖向抗压最大荷载（kN）	桩顶累计沉降（mm）
A组	A-1	8.5	13000	21.98
	A-2			25.17
	A-3			46.05
B组	B-1	9.5	8500	13.77
	B-2			13.54
	B-3			11.82
C组	C-1	10.5	9000	15.3
	C-2			11.05
	C-3	12		10.63
CUB组	CUB-1	9.5	8500	12.57
	CUB-2			10.61

（4）本场地砂卵石地层采用桩端、桩侧后压浆可大幅度提高单桩承载力，从而可以减少设计桩长，提高施工速度，经后注浆后，极限侧阻力综合提高系数为1.57～2.98、极限端阻力综合提高系数为2.56～4.02。

（5）在砂卵石地层中，试验桩桩长8.5～12.0m，在最大竖向荷载作用下，桩侧摩阻力分担桩顶荷载比例为56.8%～62.7%，平均值为59.8%，略大于桩端阻力分担值。

第5章 碎块状凝灰岩地层钻孔灌注桩承载力试验与实践

本章以京东方福清 B10 新型半导体显示器件及系统项目为依托，着重介绍了针对福建福清这种山间谷地冲洪积平原以深厚碎块状强风化凝灰岩为主的地层下大直径水下钻孔灌注桩在工程设计与工程施工中所关注的问题而展开的现场原位试验研究。场地稳定凝灰岩埋深极不均匀，凝灰岩饱和单轴抗压强度标准值为 30～150MPa，浅层局部还分布一层 5～10m 厚的河流相沉积的卵石、漂石层，场地普遍分布的是深厚碎块状强风化凝灰岩层。地层分布极其复杂，地质钻孔难度极高。桩基设计对桩端持力层的选择直接影响整个工程项目的桩基施工周期和工程造价。浅埋以砂卵石层为持力层的大直径短桩、以凝灰岩为持力层的嵌岩桩以及以碎块状强风化凝灰岩层为持力层的摩擦端承桩都是优先选项。选择不同的持力层导致桩长相差较大，而对超大规模的半导体显示器件生产线采用混合桩基础设计严格控制沉降，保证基础整体协调变形是设计关键点。通过现场原位载荷试验得出了大直径短桩在最大荷载作用下桩顶沉降较大，范围在 15～21mm；中等长度的嵌岩桩在最大荷载作用下桩顶沉降较小，范围在 8～18mm，卸载回弹量较大，单桩承载力还有潜力；对超长桩在采取桩端、桩侧后注浆措施后单桩承载力能够有较大提高。

5.1 试验项目概述

5.1.1 工程概况

试验项目位于福州市福清融侨经济技术开发区，福清市以北约 4.5km，东邻福俱大道（规划），西邻福百大道（规划），南侧为洪智路（规划），北侧为福长路（规划）。拟建场地位置详见图 5.1-1。拟建厂房主要由 1 号阵列厂房、2 号成盒及彩膜厂房、3 号模块厂房、4 号化学品车间、5 号综合动力站、6 号废水处理站、7 号特气车间及硅烷站、8～10 号化学品库、1～3 号、11 号玻璃仓库、12 号仓库、13 号水泵房及水池、14 号资源回收站、15 号餐厅、16 号活动中心及 17 号倒班宿舍、专家公寓组成。

试验场地经回填平整，回填料大部分为开山石及部分黏性土，该层填土结构松散、均匀性较差，试验施工前应进行必要的地基处理。勘察深度揭示的填土层以下地层分布主要以砂卵石、残积土、凝灰岩为主，除砂卵石层较均匀外，其余地层厚度变化较大。由于主厂房（如 1 号阵列厂房、2 号成盒及彩膜厂房、3 号模块厂房等）柱跨距大、单柱荷载大、工艺设备对变形敏感，且设备厂房都要求具有防微振能力，故主要厂房设计采用桩基础形式。

通过对场地地层的分析，影响基础桩成桩的主要困难因素为：（1）丰富的地下水；（2）砂卵石地层，卵石、漂石含量高，卵石强度、硬度大，卵石地层钻孔极其困难；（3）中等风化凝灰岩基岩面起伏大，且强度较高，钻进困难。因此，经多次专家研讨决定，根

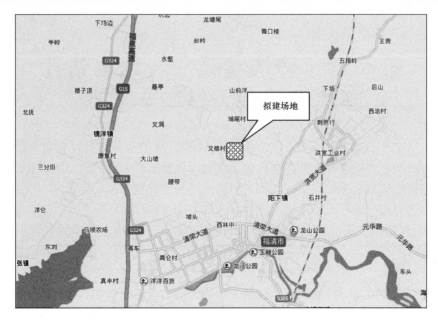

图 5.1-1 工程场地地理位置图

据不同的地质条件、不同的结构形式，选取不同的桩型，分别以浅埋的卵石层、一般深度的中等风化凝灰岩和超长的碎块状强风化凝灰岩为桩端持力层，对各种桩型进行现场原位单桩试桩试验，通过试验来对比、分析相关参数及工艺，从而优化桩基础设计，达到安全、可靠、经济、合理的目的。

5.1.2 工程地质及水文地质条件

(1) 地形地貌

项目场地现状地形总体平坦，局部山体出露，大部分为农田，龙溪和芦溪在场地东侧汇合为虎溪，由北向南流动，场地地貌类型单一，属山间谷地冲洪积平原。场地航拍图及场地现状详见图 5.1-2～图 5.1-6。

图 5.1-2 拟建场地航拍图

图 5.1-3 清表后的场地

图 5.1-4 场地平整施工

图 5.1-5 龙溪

图 5.1-6 虎溪

(2) 地质条件

根据野外钻探、原位测试及室内土工试验成果的综合分析，本次试验区范围内的地层为：表层为填土层，其下为一般第四系冲洪积成因的黏性土、砂土及卵石层，其下为侏罗系凝灰岩残积土和不同风化程度的凝灰岩。各土层详细描述如下：

填土层（Q^{ml}）

①层素填土：灰黑色，可塑，稍湿—湿，以黏性土为主，表层为耕植土，含少量根系，局部含少量砖块、碎石等杂物。

①₁层杂填土：杂色，松散，稍湿—湿，以砖块、杂草、生活垃圾为主，含黏性土及卵石。

一般第四系冲洪积层（Q^{al+pl}）

②层粉质黏土：褐黄色，可塑，含氧化铁，混 10%～20% 的细砂。

②₁层粉质黏土：褐灰色，软塑—可塑，含有机质。

②₂层中粗砂：褐黄色，稍密，稍湿—饱和，含石英、云母、长石，局部含 10%～30% 卵石。

③层卵石：杂色，中密—密实，湿—饱和，亚圆形。卵石一般粒径 5～15cm，局部为漂石，漂石最大粒径达 100cm 以上，细中砂充填，卵石含量 50%～60%，漂石含量在

10%～20%。卵石颗粒的原岩成分为中等风化或微风化的凝灰岩、花岗岩及砂岩等。场地内的漂石和一般粒径的卵石详见图 5.1-7、图 5.1-8。

图 5.1-7　卵石层中的漂石（直径 95cm）　　　　图 5.1-8　一般粒径的卵石（直径 14cm）

残积层（Q^{el}）

④层凝灰岩残积粉质黏土：灰黄色、灰白色，饱和，多为可塑，局部软塑。主要为凝灰岩残积土，成分以长石风化而成的黏土矿物为主，含少量黑云母及铁锰氧化物。摇振反应慢，有光泽反应，干强度中等，韧性中等。该层属特殊土，在天然状态下力学性能较好，水浸泡后易软化、崩解，强度降低明显。

凝灰岩风化层（J_3）

⑤层全风化凝灰岩：灰黄色，饱和，坚硬。风化不均，风化剧烈，呈土状，主要矿物成分为石英、长石风化而成的次生黏土矿物、高岭土等，坚硬程度为极软岩，完整程度为极破碎，岩体基本质量等级为 V 级。该层具有浸水易软化、崩解的特点。

⑥层强风化凝灰岩：本层自上而下风化程度逐渐减弱，根据其风化的不同将该层细分为⑥$_1$层砂土状强风化凝灰岩和⑥$_2$层碎块状强风化凝灰岩。

⑥$_1$层砂土状强风化凝灰岩：灰褐色，坚硬，熔岩结构，原岩结构隐约可见，成分主要为石英、长石及少量暗色矿物，长石矿物大部分已风化呈高岭土化。岩芯呈砂土状，遇水易软化、崩解，岩石坚硬程度为极软岩，岩体完整程度为极破碎，岩体基本质量等级为 V 级。

⑥$_2$层碎块状强风化凝灰岩：褐黄色，灰白色，碎块状，熔岩结构隐约可见，成分主要为石英、长石，岩芯呈碎块状，风化裂隙发育，沿裂隙面多为铁锰质所充填，锤击易碎，属较软岩，岩体完整程度为极破碎，岩体基本质量等级为 V 级。

⑦层中风化凝灰岩：浅灰色，矿物成分主要为石英、长石和云母，熔岩结构，局部为流纹结构，块状构造，裂隙较发育，岩芯呈短柱状—长柱状，锤击声较清脆，较难击碎。岩体大多较破碎，局部较完整和破碎，为坚硬岩，岩体基本质量等级为 Ⅲ～Ⅳ 类。

（3）水文地质条件

试验场地内观测到一层地下水，为孔隙潜水，水位埋深 0.2～2.5m，水位绝对标高 27.5～31.5m。主要补给来源为大气降水和地下径流，主要排泄方式为蒸发及侧向径流。

5.2 试验方案简介

5.2.1 试验目的

(1) 验证钻孔灌注桩泥浆护壁旋挖钻孔与冲击成孔工艺对场地复杂地层的可行性和适用性;

(2) 以中风化凝灰岩为桩端持力层,确定嵌岩钻孔灌注桩的单桩竖向受压承载力;

(3) 以浅层卵石层为桩端持力层,确定大直径短桩竖向受压极限承载力;

(4) 以碎块状强风化凝灰岩为持力层,确定超长摩擦桩单桩竖向受压承载力;

(5) 通过桩身应力测试,确定桩侧、桩端阻力的分布特征。

5.2.2 试验内容

主要试验内容如下:

(1) 旋挖、冲击成孔工艺在场地的适用性试验(成孔效率、质量、混凝土充盈系数等);

(2) 各桩型单桩静载荷试验;

(3) 各桩型单桩桩身应力测试;

(4) 单桩完整性声波检测。

5.2.3 试验步骤

根据试验目的及内容,确定试验步骤如下:

(1) 选定试验区,代表性试验区域由设计院指定。

(2) 场地的平整与复测,场地在正式施工前,应对试桩区域进行场地平整,整平标高应高于桩顶设计标高至少 1.0m,平整标高按照 33.8m 控制。

(3) 灌注桩、后注浆施工

灌注桩施工前应提前制作钢筋笼,钢筋笼的制作过程中需特别注意桩身试验元器件的埋深,并在桩顶预留出测试元器件的端头。对声测管、注浆管绑扎固定牢靠,端部加塞保护。

(4) 桩体养护

对已成桩的试验桩进行养护。预留足够的养护龄期使桩身达到足够的设计强度即可进行下一步的工作。施工时每根桩应制作至少 4 组试块,试块制作应采用振动台振密,在现场与桩身养护条件相似的环境内养护,试验前根据试块实测抗压强度确定是否可进行下一工序工作。

试验桩桩顶还需制作特别的桩帽,灌注桩施工完成后应尽快开挖桩头,并在凿桩头后尽快制作桩帽,保证桩帽混凝土有足够的养护时间。

(5) 桩身完整性检测、单桩静载荷试验

采用声波法进行桩身完整性检测,然后进行单桩静载荷试验,对单桩承载力、桩身应力等指标进行测量。

(6) 成果整理分析,计算相关参数,验证施工工艺。

5.3 试验过程简述

5.3.1 旋挖钻孔与冲击成孔工艺验证

由于地层普遍分布大粒径卵石、漂石，成桩工艺可以采用冲孔、旋挖或两者相结合的方法进行，由于建设项目规模大，基础桩数量多，成桩效率和成孔质量是重点关注的因素。本次试桩主要采用旋挖成孔工艺，辅以冲孔设备，采用两者相结合的方法进行试桩（图5.3-1）。

在试验场地内选取原状土层卵石、漂石区域进行试成孔（图5.3-2）。灌注桩冲击成孔的施工工艺对周围地层产生不利影响，冲击时间长，地面塌陷沉降影响半径大，施工效率低，孔底沉渣厚，无法保证施工质量。

图5.3-1 原状土层旋挖钻孔状况　　　　　图5.3-2 原状土层旋挖试成孔钻孔出土

采用大功率旋挖钻机钻孔，孔口采用长护筒护壁，成孔可以保证成桩质量，施工成桩效率可以达到2～3根桩。

5.3.2 试验桩设计参数

根据场地地层分布，在场内布置3根直径1000mm的嵌岩桩，3根直径1000mm的端承摩擦桩及3根直径1800mm的大直径短桩。

根据试验桩最大加载量确定试验方法，其中3根大直径短桩采用堆载法静载荷试验，其余3根嵌岩桩和3根端承摩擦桩采用锚桩法静载荷试验，每根试桩布置4根锚桩。钻孔灌注试验桩设计参数汇总表见表5.3-1；试验场地地质剖面及各工况示意见图5.3-3。

钻孔灌注试验桩设计参数汇总表　　　　　　　　　　　　　　表5.3-1

桩位	混凝土强度等级	承载力特征值（kN）	静载试验最大值（kN）	桩径（m）	桩长（m）	后注浆位置	桩端持力层
SZ1-01	C50	8700	17400	1.0	31.0	桩端	⑦层中风化凝灰岩
SZ1-02	C50	8700	17400	1.0	26.7	桩端	
SZ1-03	C50	8700	17400	1.0	21.5	桩端	

续表

桩位	混凝土强度等级	承载力特征值(kN)	静载试验最大值(kN)	桩径(m)	桩长(m)	后注浆位置	桩端持力层
SZ2-01	C50	4000	12000	1.0	33.0	桩端、桩侧	⑥₂层碎块状强风化凝灰岩
SZ2-02	C50	4000	12000	1.0	34.0	桩端、桩侧	
SZ2-03	C50	4000	12000	1.0	30.0	桩端、桩侧	
DJ-01	C30	2500	7500	1.8	5.0	桩端	③层卵石
DJ-02	C30	2500	7500	1.8	5.0	桩端	
DJ-03	C30	2500	8000	1.8	5.0	桩端	

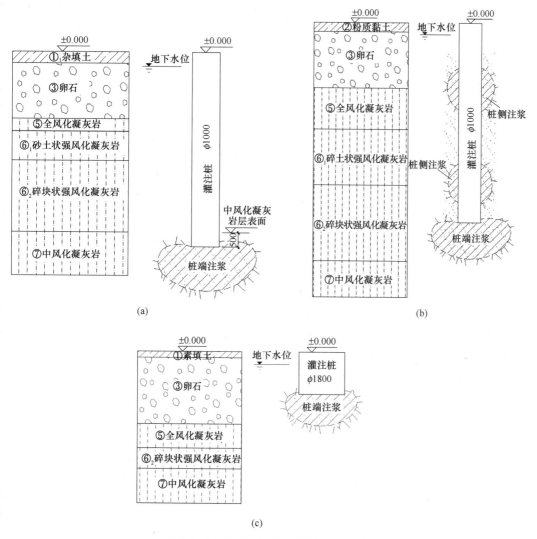

(a)　　　　　　　　　　　　　　　　　(b)

(c)

图 5.3-3　试验场地地质剖面及各工况示意图
（a）工况一：嵌岩桩 桩位 SZ1-01、SZ1-02、SZ1-03；（b）工况二：摩擦桩 桩位 SZ2-01、SZ2-02、SZ2-03；
（c）工况三：大直径短桩 桩位 DJ-01、DJ-02、DJ-03

5.3.3　后注浆设计参数

1. 后注浆工艺参数

根据设计要求，DJ 大直径短桩和 SZ1 采用桩端后注浆工法，SZ2 采用桩侧、桩端后注浆工法。

试验桩桩端后注浆：SZ1 型桩设 2 根 $\phi30mm$ 无缝钢管绑扎于钢筋笼上，大直径短桩设 4 根 $\phi30mm$ 钢管，无缝钢管采用丝扣或者套管焊接方式连接，钢管底端各安装一个单向注浆阀，伸出钢筋笼底（桩端）10cm。对孔底基岩应采取措施确保注浆阀有效插入，且注浆管不得松动上窜，严禁超钻导致注浆阀埋入混凝土。

试验桩桩侧后注浆：桩侧注浆阀设置在卵石、砂土等地层的底部，注浆导管为 $\phi30mm$，下端通过三通与花瓣形加筋 PVC 注浆管阀相连。

2. 后注浆装置设置技术要求

（1）注浆管及注浆阀的要求

后注浆钢管采用普通无缝钢管，壁厚不小于 3.0mm。

后注浆阀应具备下列性能：

① 注浆阀应能承受 1.5MPa 以上静水压力；注浆阀外部保护层应能抵抗砂石等硬质物的剐撞而不致使管阀受损；

② 注浆阀应具备逆止功能。

（2）注浆导管的连接

注浆管采用管箍连接。管箍连接方式操作简单，钢筋笼运输和放置过程应严格控制钢筋笼挠度，防止注浆管接头拉开断裂。

3. 注浆量计算

单桩注浆量的设计应根据桩径，桩长，桩端、桩侧土层性质，单桩承载力增幅及是否复式注浆等因素确定，可按下式估算：

$$G_c = \alpha_p d + \alpha_s n d$$

式中：α_p、α_s——分别为桩端、桩侧注浆量经验系数，$\alpha_p = 1.5 \sim 1.8$，$\alpha_s = 0.5 \sim 0.7$；对于卵、砾石，中粗砂取高值；

n——桩侧注浆断面数；

d——基桩设计直径（m）；

G_c——注浆量，以水泥质量计（t）。

根据上述公式计算，每根桩每道桩侧注浆水泥 0.6t，每根直径 1000mm 的抗压桩桩端注浆水泥量约 1.5t；大直径短桩端部注浆水泥量约 2.5t。

4. 后注浆施工控制参数

注浆材料包括外加剂与注浆压力的确定：注浆材料为水泥浆液，水泥采用 P·O42.5 级普通硅酸盐水泥，水灰比为 0.5～0.6。注浆压力控制在 3～8MPa。根据注浆压力的变化和注浆量，实施间歇注浆或终止注浆。

注浆施工时间及顺序：先桩侧后桩端，先外围后内部，多桩侧采用先上后下的顺序，桩侧、桩端注浆间隔时间不小于 2h；注浆起始时间可在成桩后 2～3d 内进行。

注浆控制条件：质量控制采用注浆量和注浆压力双控法。桩底注浆，终止压力不小于

1.5MPa。以水泥压入量控制为主，压力控制为辅。

5.3.4 钻孔灌注桩及后注浆施工工艺

试验桩、锚桩成桩采用"水下灌注"工艺。工艺流程：放桩位线、埋设护筒→钢筋笼制作（图5.3-4）、验收→钻机就位、技术人员复测→制备泥浆→旋挖成孔（冲孔设备辅助）→验孔、清孔→下放钢筋笼（图5.3-5）→下放导管（或二次清孔）→灌注混凝土→灌注后的工作。

图5.3-4 现场钢筋笼焊接

图5.3-5 现场吊放钢筋笼

后注浆工艺的工艺流程：制作钢筋笼、设置注浆管→检查注浆管质量→安装注浆阀、吊装钢筋笼→检查注浆阀质量→灌注混凝土→配制水泥浆、桩侧注浆→配制水泥浆、桩端注浆。

注浆参数包括注浆压力、浆液配比、注浆量、流量等参数。正式施工前，应进行试验，确定最终的注浆参数。

（1）注浆参数的选择：注浆材料为水泥浆液，水灰比为0.5~0.60，注浆流量控制在50L/min左右。

（2）桩端注浆终止注浆压力应根据土层性质及注浆点深度确定，注浆压力宜为3~8MPa。

（3）根据公式计算结果结合施工经验，每根桩每道桩侧注浆水泥0.6t，每根直径1000mm的抗压桩桩端注浆水泥量约1.5t；单个大直径短桩端部注浆水泥量约2.5t。

图5.3-6 现场配置水泥浆图片

图5.3-7 现场注浆图片

5.3.5　单桩静载荷试验设计

1. 试验桩桩帽设计

由于加载量较大，试验桩桩顶部位需要放置至少 3 台千斤顶，因此试桩需要加强桩头。桩头加固推荐设计如图 5.3-8 所示。

开挖至合适标高，对桩顶多余部分进行剥凿处理，加工桩顶外钢套筒，厚度 8mm，采用钢板卷焊，安装时需保证与桩身同心，底部锥形可以采用钢板卷焊或支设模板方式，套筒固定后，绑扎受压加强筋钢筋网片，然后进行界面接浆处理，用 C50 混凝土进行灌注，振捣密实，桩顶稍高出外钢筒 5～6mm，并将表面严格抄平压光。混凝土浇筑完成压光后，保温覆盖养护。

对于直径 1800mm 短桩，由于桩顶面

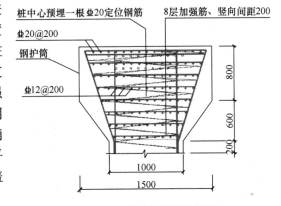

图 5.3-8　试验桩桩冒设计图

积较大，可以满足多台千斤顶安放不需外扩处理，可在桩顶部位设置 5～6 层加强筋钢筋网片，采用高强度等级混凝土加固即可。

2. 单桩静载荷试验过程

本试验单桩静载荷试验按照《建筑基桩检测技术规范》JGJ 106—2014 的要求，采用慢速维持荷载法测试单桩竖向抗压承载力。试验最大加载量按设计要求进行，加载分级进行，采用逐级等量加载，分级荷载试桩为预估最大加载量的 1/10，其中第一级可取分级荷载的 2 倍；卸载应分级进行，每级卸载量取加载时分级荷载的 2 倍。测定在各级桩顶荷载作用下桩顶沉降、桩身各断面钢筋应力计频率等参数。最后根据实测数据的分析计算，得出三组试验桩在各级荷载作用下的桩身轴力传递特征以及桩侧阻力分布特征。三组试验桩的加载、卸载过程见表 5.3-2～表 5.3-4。

DJ 大直径短桩载荷试验加/卸载过程　　表 5.3-2

阶段	加载过程及荷载大小（kN）								
加载	1	2	3	4	5	6	7	8	9
	1500	2250	3000	3750	4500	5250	6000	6750	7500
卸载	1	2	3	4	5				
	6000	4500	3000	1500	0				

注：本组试桩包括 DJ-01、DJ-02 及 DJ-03 试桩。

SZ1 单桩载荷试验加/卸载过程　　表 5.3-3

阶段	加载过程及荷载大小（kN）								
加载	1	2	3	4	5	6	7	8	9
	3480	5220	6960	8700	10440	12180	13920	15660	17400
卸载	1	2	3	4	5				
	13920	10440	6960	3480	0				

注：本组试桩包括 SZ1-01、SZ1-02 及 SZ1-03 试桩。

SZ2 单桩载荷试验加/卸载过程　　　　　　　　表 5.3-4

阶段	加载过程及荷载大小(kN)								
加载	1	2	3	4	5	6	7	8	9
	2400	3600	4800	6000	7200	8400	9600	10800	12000
卸载	1	2	3	4	5				
	9600	7200	4800	2400	0				

注：本组试桩包括 SZ2-01、SZ2-02 及 SZ2-03 试桩。

5.3.6 试验桩桩身钢筋应力传感器设计

（1）振弦式传感器设置

为测试桩侧阻力及桩端阻力，须在试桩中安装振弦式传感器进行桩身内力测试，以桩顶以下第一组传感器数值作为标定，每根试桩按照土层分界面、桩端及每 5m 安装一组的原则，每组 3 只振弦式传感器，分布在桩顶以下各主要土层分界面及桩端附近。

（2）振弦式传感器设置安装要求

① 钢筋计按指定位置沿桩周均匀分布，并焊在主筋上，并满足规范对搭接长度的要求。

② 在焊接钢筋计时，为避免热传导使钢筋计零漂增加，采用焊接方式，应满足以下要求：钢筋应力计与钢筋焊接可采用帮条焊。焊接时仪器应采用棉纱包裹，浇水冷却，使仪器温度不超过 60℃，用冷水降低仪器温度时，不要将冷水浇至焊缝处，以免影响焊接质量。需保证焊接强度不低于钢筋强度，并注意受力钢筋接头应距钢筋应力计两端接头不小于 1.5m。电缆引出时，为了防止凿桩头时对电缆造成损坏，桩顶电缆外套钢管（约 6m）进行保护。

③ 仪器安装并检验合格正常工作后，方可进行混凝土浇筑灌注。在混凝土浇筑灌注时，采用水下灌注混凝土的方式，混凝土坍落度为 20～22mm，灌注施工时应避免振捣对传感器和电缆造成破坏。

④ 仪器安装埋设完成后，应及时观测初始值，并做好标记，以防人为损坏。吊放钢筋笼子、浇筑混凝土以及后续土方开挖时，均需加强对检测器件的保护，施工时采取钢管内装聚苯颗粒等材料进行密封保护的措施，伸出地面 0.5m，并与钢筋笼可靠固定，避免在桩身施工时脱落或受到破坏，造成无法进行检测。

5.4 钻孔灌注桩静载荷试验结果分析

单桩竖向抗压静载试验的主要目的是为测试分析在不同的地质条件下 3 种不同桩型（摩擦端承桩、嵌岩桩、大直径短桩）单桩的承载能力及变形特征、桩身荷载的传递规律、桩侧摩阻力的发挥及分布规律；试验成果主要包括单桩静载荷试验、桩身轴力等试验数据，以下分别介绍各项测试成果及相关分析。

5.4.1 试验装置与仪器设备

本次试验中大直径短桩的静载试验采用堆载反力梁装置，见图 5.4-1～图 5.4-3；摩擦端承桩和嵌岩桩采用锚桩横梁反力装置见图 5.4-4～图 5.4-7。

图 5.4-1　堆载过程现场图片

图 5.4-2　堆载反力装置现场图片

图 5.4-3　堆载反力梁与千斤顶加载系统图

图 5.4-4　锚桩反力梁与千斤顶加载系统图

图 5.4-5　现场锚桩焊接图

图 5.4-6　锚桩横梁反力装置现场图

图 5.4-7　锚桩横梁反力装置现场图

5.4.2 单桩静载荷试验数据及分析结果

对各试验桩单桩静载荷试验成果进行汇总，绘制了 Q-s 曲线及 s-$\lg t$ 曲线，并对相关结果进行了分析。

1. 大直径短桩静载荷试验

3根大直径短桩，静载试验结果见表5.4-1~表5.4-3，同时根据实测数据绘制了荷载-沉降（Q-s）曲线及沉降-时间（s-$\lg t$）曲线（图5.4-8~图5.4-13）。

DJ-01号大直径短桩单桩静载荷试验汇总表 　　　表 5.4-1

序号	荷载（kN）	历时(min)		沉降(mm)		备注
		本级	累计	本级	累计	
0	0	0	0	0	0	
1	1500	120	120	1.18	1.18	
2	2250	120	240	1.02	2.2	
3	3000	120	360	1.06	3.26	
4	3750	120	480	1.43	4.69	
5	4500	120	600	1.92	6.61	加荷段
6	5250	120	720	2.17	8.78	
7	6000	120	840	2.11	10.89	
8	6750	120	960	2	12.89	
9	7500	120	1080	2.7	15.59	
10	6000	60	1140	−0.28	15.31	
11	4500	60	1200	−0.75	14.56	
12	3000	60	1260	−1.11	13.45	卸荷段
13	1500	60	1320	−1.23	12.22	
14	0	180	1500	−0.96	11.26	

DJ-02号大直径短桩单桩静载荷试验汇总表 　　　表 5.4-2

序号	荷载（kN）	历时(min)		沉降(mm)		备注
		本级	累计	本级	累计	
0	0	0	0	0	0	
1	1500	120	120	1.1	1.1	
2	2250	120	240	1.3	2.4	
3	3000	120	360	1.45	3.85	
4	3750	120	480	1.98	5.83	
5	4500	120	600	2.08	7.91	加荷段
6	5250	120	720	2.52	10.43	
7	6000	120	840	2.72	13.15	
8	6750	120	960	3.22	16.37	
9	7500	120	1080	4.15	20.52	
10	6000	60	1140	−0.95	19.57	
11	4500	60	1200	−1.15	18.42	
12	3000	60	1260	−1.47	16.95	卸荷段
13	1500	60	1320	−1.52	15.43	
14	0	180	1500	−1.81	13.62	

DJ-03 号大直径短桩单桩静载荷试验汇总表						表 5.4-3

序号	荷载 (kN)	历时(min)		沉降(mm)		备注
		本级	累计	本级	累计	
0	0	0	0	0	0	
1	1000	120	120	0.46	0.46	
2	1500	120	240	0.7	1.16	
3	2000	120	360	0.87	2.03	
4	2500	120	480	1.01	3.04	
5	3000	120	600	1.04	4.08	
6	3500	120	720	1.15	5.23	
7	4000	120	840	1.27	6.5	加荷段
8	4500	120	960	1.24	7.74	
9	5000	120	1080	1.32	9.06	
10	5500	120	1200	1.47	10.53	
11	6000	120	1320	1.62	12.15	
12	6500	120	1440	1.74	13.89	
13	7000	120	1560	1.6	15.49	
14	7500	120	1680	1.78	17.27	
15	8000	120	1800	2.13	19.4	
16	7000	60	1860	−0.17	19.23	
17	6000	60	1920	−0.59	18.64	
18	5000	60	1980	−0.96	17.68	
19	4000	60	2040	−1	16.68	卸荷段
20	3000	60	2100	−1.25	15.43	
21	2000	60	2160	−1.65	13.78	
22	1000	60	2220	−2.49	11.29	
23	0	180	2400	−2.71	8.58	

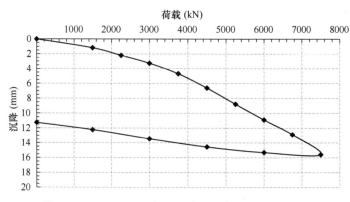

图 5.4-8　DJ-01 号大直径短桩单桩载荷试验 Q-s 曲线

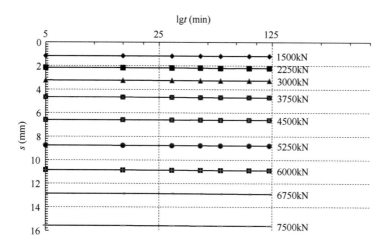

图 5.4-9 DJ-01 号大直径短桩单桩载荷试验 s-$\lg t$ 曲线

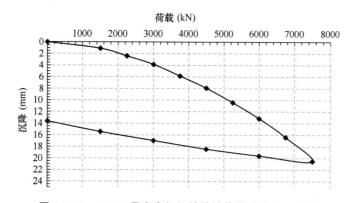

图 5.4-10 DJ-02 号大直径短桩单桩载荷试验 Q-s 曲线

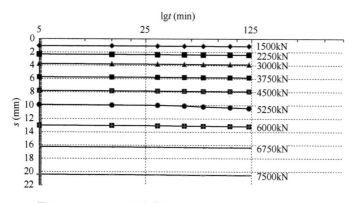

图 5.4-11 DJ-02 号大直径短桩单桩载荷试验 s-$\lg t$ 曲线

2. 嵌岩桩静载荷试验

本次试验共进行了 3 根嵌岩桩,静载试验结果见表 5.4-4~表 5.4-6,同时根据实测数据绘制了荷载-沉降(Q-s)曲线及沉降-时间(s-$\lg t$)曲线(图 5.4-14~图 5.4-19)。

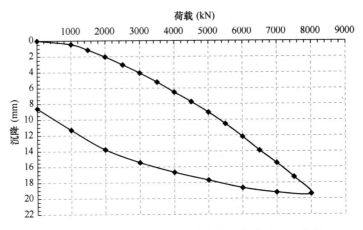

图 5.4-12   DJ-03 号大直径短桩单桩载荷试验 Q-s 曲线

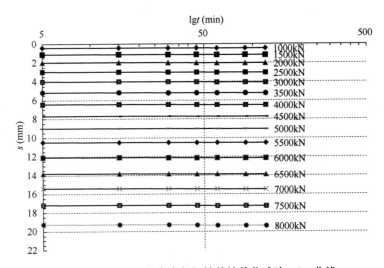

图 5.4-13   DJ-03 号大直径短桩单桩载荷试验 s-lg$t$ 曲线

SZ1-01 号嵌岩桩单桩静载荷试验汇总表 表 5.4-4

序号	荷载（kN）	历时（min）		沉降（mm）		备注
		本级	累计	本级	累计	
0	0	0	0	0	0	
1	3480	120	120	4.75	4.75	加荷段
2	5220	120	240	2.82	7.57	
3	6960	120	360	4.23	11.8	
4	8700	120	480	6.48	18.28	
5	5220	60	540	−1.7	16.58	卸荷段
6	1740	60	600	−2.76	13.82	
7	0	180	780	−2.3	11.52	

注：由于加载至第四级时锚桩被拔出破坏，没有加载到设计最大值。

SZ1-02 号嵌岩桩单桩静载荷试验汇总表　　　　表 5.4-5

序号	荷载(kN)	历时(min)		沉降(mm)		备注
		本级	累计	本级	累计	
0	0	0	0	0	0	
1	3480	120	120	1.86	1.86	加荷段
2	5220	120	240	1.03	2.89	
3	6960	120	360	1	3.89	
4	8700	120	480	1.12	5.01	
5	10440	120	600	1.05	6.06	
6	12180	120	720	1.23	7.29	
7	13920	120	840	1.19	8.48	
8	15660	120	960	1.44	9.92	
9	17400	120	1080	2.19	12.11	
10	13920	60	1140	−0.47	11.64	卸荷段
11	10440	60	1200	−1.06	10.58	
12	6960	60	1260	−1.33	9.25	
13	3480	60	1320	−1.92	7.33	
14	0	180	1500	−2.81	4.52	

最大沉降量：12.11mm；最大回弹量：7.59mm；回弹率：62.7%

SZ1-03 号嵌岩桩单桩静载荷试验汇总表　　　　表 5.4-6

序号	荷载(kN)	历时(min)		沉降(mm)		备注
		本级	累计	本级	累计	
0	0	0	0	0	0	
1	3480	120	120	1.28	1.28	加荷段
2	5220	120	240	0.64	1.92	
3	6960	120	360	0.7	2.62	
4	8700	120	480	0.67	3.29	
5	10440	120	600	0.79	4.08	
6	12180	120	720	0.81	4.89	
7	13920	120	840	0.87	5.76	
8	15660	120	960	0.9	6.66	
9	17400	120	1080	1.25	7.91	
10	13920	60	1140	−0.19	7.72	卸荷段
11	10440	60	1200	−0.71	7.01	
12	6960	60	1260	−1.39	5.62	
13	3480	60	1320	−1.68	3.94	
14	0	180	1500	−1.83	2.11	

最大沉降量：7.91mm；最大回弹量：5.80mm；回弹率：73.3%

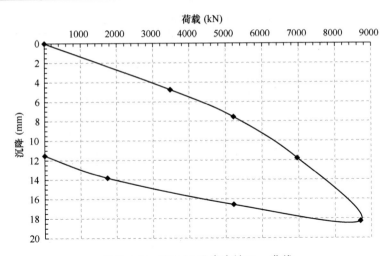

图 5.4-14　SZ1-01 号嵌岩桩 Q-s 曲线

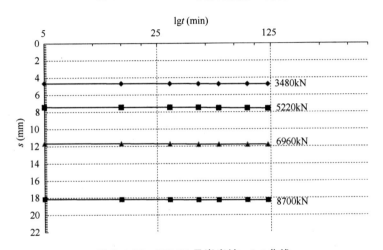

图 5.4-15　SZ1-01 号嵌岩桩 s-$\lg t$ 曲线

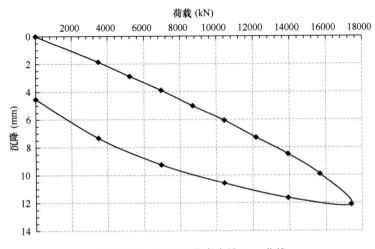

图 5.4-16　SZ1-02 号嵌岩桩 Q-s 曲线

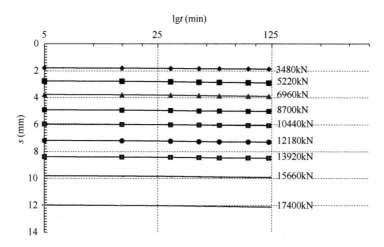

图 5.4-17 SZ1-02 号嵌岩桩 *s*-lg*t* 曲线

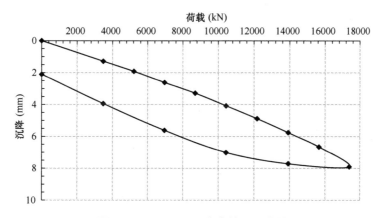

图 5.4-18 SZ1-03 号嵌岩桩 *Q*-*s* 曲线

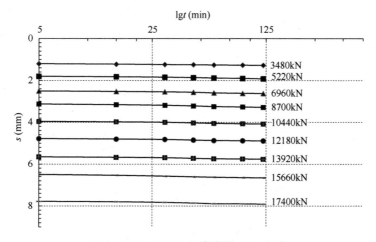

图 5.4-19 SZ1-03 号嵌岩桩 *s*-lg*t* 曲线

3. 端承摩擦桩静载荷试验

本次试验共进行了 3 根摩擦桩，静载试验结果见表 5.4-7～表 5.4-9，同时根据实测数据绘制了荷载-沉降（Q-s）曲线及沉降-时间（s-$\lg t$）曲线（图 5.4-20～图 5.4-25）。

SZ2-01 号摩擦桩单桩静载荷试验汇总表　　　　　　　　　　　　表 5.4-7

序号	荷载 (kN)	历时 (min)		沉降 (mm)		备注
		本级	累计	本级	累计	
0	0	0	0	0	0	
1	2400	120	120	1.27	1.27	
2	3600	120	240	0.74	2.01	
3	4800	120	360	0.85	2.86	
4	6000	120	480	0.83	3.69	加荷段
5	7200	120	600	0.89	4.58	
6	8400	120	720	1	5.58	
7	9600	120	840	1.1	6.68	
8	10800	120	960	1.23	7.91	
9	12000	120	1080	1.55	9.46	
10	9600	60	1140	−0.34	9.12	
11	7200	60	1200	−0.55	8.57	
12	4800	60	1260	−0.84	7.73	卸荷段
13	2400	60	1320	−1.45	6.28	
14	0	180	1500	−1.79	4.49	

最大沉降量：9.46mm；最大回弹量：4.97mm；回弹率：52.5%

SZ2-02 号摩擦桩单桩静载荷试验汇总表　　　　　　　　　　　　表 5.4-8

序号	荷载 (kN)	历时 (min)		沉降 (mm)		备注
		本级	累计	本级	累计	
0	0	0	0	0	0	
1	2400	120	120	1.55	1.55	
2	3600	120	240	0.96	2.51	
3	4800	120	360	1.01	3.52	
4	6000	120	480	1.03	4.55	加荷段
5	7200	120	600	0.97	5.52	
6	8400	120	720	1.03	6.55	
7	9600	120	840	0.96	7.51	
8	10800	120	960	1.01	8.52	
9	12000	120	1080	1.39	9.91	
10	9600	60	1140	−0.09	9.82	
11	7200	60	1200	−0.4	9.42	
12	4800	60	1260	−0.64	8.78	卸荷段
13	2400	60	1320	−1.45	7.33	
14	0	180	1500	−2.21	5.12	

最大沉降量：9.91mm；最大回弹量：4.79mm；回弹率：48.3%

SZ2-03号摩擦桩单桩静载荷试验汇总表   表 5.4-9

序号	荷载 (kN)	历时(min)		沉降(mm)		备注
		本级	累计	本级	累计	
0	0	0	0	0	0	
1	2400	120	120	2.87	2.87	
2	3600	120	240	1.38	4.25	
3	4800	120	360	1.44	5.69	
4	6000	120	480	1.33	7.02	
5	7200	120	600	1.41	8.43	加荷段
6	8400	120	720	1.45	9.88	
7	9600	120	840	1.46	11.34	
8	10800	120	960	1.55	12.89	
9	12000	120	1080	1.82	14.71	
10	9600	60	1140	−0.22	14.49	
11	7200	60	1200	−0.45	14.04	
12	4800	60	1260	−1.03	13.01	卸荷段
13	2400	60	1320	−1.62	11.39	
14	0	180	1500	−2.53	8.86	

最大沉降量：14.71 mm；最大回弹量：5.85mm；回弹率：39.8%

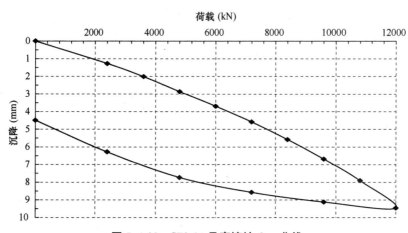

图 5.4-20 SZ2-01 号摩擦桩 Q-s 曲线

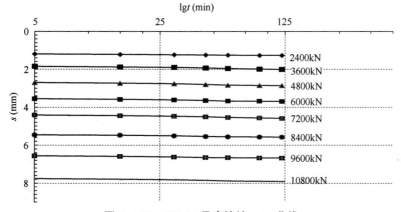

图 5.4-21 SZ2-01 号摩擦桩 s-$\lg t$ 曲线

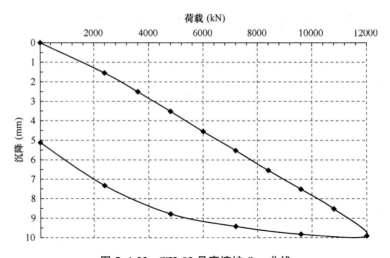

图 5.4-22　SZ2-02 号摩擦桩 Q-s 曲线

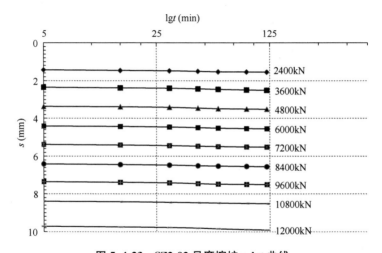

图 5.4-23　SZ2-02 号摩擦桩 s-lg$t$ 曲线

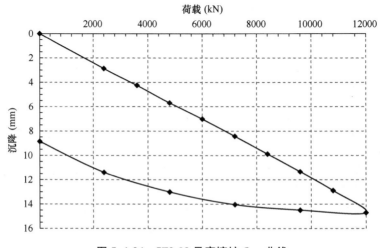

图 5.4-24　SZ2-03 号摩擦桩 Q-s 曲线

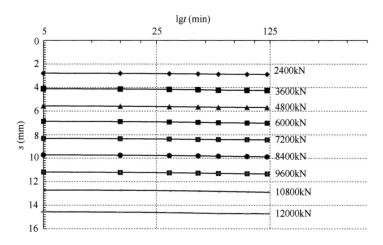

图 5.4-25 SZ2-03 号摩擦桩 s-$\lg t$ 曲线

4. 单桩静载荷试验数据分析

单桩静载荷试验结果，综合分析如下。

由各试桩静载荷试验 Q-s 曲线及 s-$\lg t$ 曲线可知，单桩竖向承载力如表 5.4-10 所示。需要特别说明的是，由于受锚桩抗拔力的限制，除 SZ1-01 号试验桩外，其余各试验桩最大加载均未能达到极限破坏值。

试验桩单桩竖向承载力统计 表 5.4-10

试桩编号	试桩参数	后注浆阀位置	单桩竖向承载力最大值 Q_{max}（kN）	对应 Q_{max} 时桩顶沉降（mm）	备注
DJ-01		桩端	≥7500	15.59	大直径短桩
DJ-02	桩径 1.8m，桩长 5.0m	桩端	≥7500	20.52	大直径短桩
DJ-03		桩端	≥8000	19.40	大直径短桩
SZ1-01	桩径 1.0m，桩长 29.9m	桩端	≥8700	18.28	嵌岩桩；锚桩拔起
SZ1-02	桩径 1.0m，桩长 26m	桩端	≥17400	12.11	嵌岩桩入岩 0.5m
SZ1-03	桩径 1.0m，桩长 21m	桩端	≥17400	7.91	嵌岩桩入岩 0.5m
SZ2-01	桩径 1.0m，桩长 33m	桩端、桩侧	≥12000	9.46	摩擦桩
SZ2-02	桩径 1.0m，桩长 33m	桩端、桩侧	≥12000	9.91	摩擦桩
SZ2-03	桩径 1.0m，桩长 30m	桩端、桩侧	≥12000	14.71	摩擦桩

由表 5.4-10 可见，大直径短桩在设计最大荷载作用下，桩顶沉降均大于嵌岩桩和摩擦端承桩，由此当基础采用大直径短桩与长桩组合设计时应按变形协调原则适当降低设计承载力。SZ1 型嵌岩桩除 01 号桩外试验 Q-s 曲线仍处于弹性状态，卸载回弹率也较大，桩还没有达到最大极限状态，说明单桩承载力还有潜力，工程基础桩设计时可以缩小桩径，桩径可取 800mm，桩长保持不变，桩端持力层仍为中等风化凝灰岩。

5.4.3 桩身轴力测试数据分析

1. 桩身钢筋应力实测数据汇总

为测试试验桩在竖向荷载作用下桩侧阻力及桩端阻力分配关系，需在试验桩中安装振弦式钢筋应力计进行桩身内力测试，本试验 6 根试验桩（3 根嵌岩桩和 3 根摩擦端承桩）的桩身主筋上预设钢筋应力计，应力计规格根据桩身主筋直径 20mm 确定，用于测试加载、卸载全过程中钢筋应力的变化。每根试桩按照土层分界面、桩端及每 5m 安装一组的原则，分布在桩顶以下各主要土层分界面及桩端附近，每测试断面埋设 3 只应力计，应力计呈 120°中心夹角均匀布置。

钢筋应力计实测测试值单位为 Hz，按各个应力计标定曲线方程换算后的钢筋轴力单位为 kN。每个断面的 3 只应力计换算轴力后取平均值，各断面钢筋轴力值见表 5.4-11～表 5.4-15。

SZ1-02 号试验桩各断面钢筋轴力换算表（kN） 表 5.4-11

断面	埋置深度	加载1	加载2	加载3	加载4	加载5	加载6	加载7	加载8	加载9	卸载1	卸载2	卸载3	卸载4
	m	3480	5220	6960	8700	10440	12180	13920	15660	17400	13920	10440	6960	3480
1	2.5	−5.8	−9.3	−12.5	−16.2	−19.8	−23.2	−26.5	−29.3	−32.3	−26.2	−19.9	−12.5	−5.7
2	10.1	−4.7	−7.9	−10.4	−13.0	−15.6	−18.8	−21.5	−23.6	−25.5	−21.3	−15.7	−10.6	−4.8
3	16.0	−3.4	−5.8	−7.9	−9.9	−12.0	−14.1	−17.4	−19.3	−21.3	−17.6	−11.9	−8.0	−3.6
4	21.0	−2.0	−3.3	−4.6	−5.9	−7.4	−8.8	−11.3	−12.6	−14.0	−11.8	−7.4	−4.8	−2.1
5	26.0	−1.2	−1.8	−2.5	−3.2	−4.1	−4.9	−5.5	−6.3	−7.2	−5.5	−4.2	−2.3	−1.3

SZ1-03 号试验桩各断面钢筋轴力换算表（kN） 表 5.4-12

断面	埋置深度	加载1	加载2	加载3	加载4	加载5	加载6	加载7	加载8	加载9	卸载1	卸载2	卸载3	卸载4
	m	3480	5220	6960	8700	10440	12180	13920	15660	17400	13920	10440	6960	3480
1	2.0	−6.0	−9.7	−13.0	−16.9	−20.3	−23.8	−26.8	−29.8	−33.0	−27.0	−20.5	−13.2	−6.1
2	9.0	−4.9	−8.1	−10.7	−13.5	−16.0	−19.2	−21.9	−23.8	−25.8	−21.3	−16.2	−10.3	−4.9
3	11.9	−3.8	−6.0	−8.2	−10.2	−12.2	−14.7	−17.6	−19.4	−21.5	−17.8	−12.7	−8.5	−3.9
4	17.8	−2.3	−3.8	−5.0	−6.2	−7.6	−9.0	−11.4	−12.7	−14.2	−11.7	−7.8	−5.0	−2.5
5	21.0	−1.4	−2.0	−2.9	−3.3	−4.4	−5.2	−6.0	−6.8	−7.7	−6.0	−4.5	−3.0	−1.6

SZ2-01 号试验桩各断面钢筋轴力换算表（kN） 表 5.4-13

断面	埋置深度	加载1	加载2	加载3	加载4	加载5	加载6	加载7	加载8	加载9	卸载1	卸载2	卸载3	卸载4
	m	2400	3600	4800	6000	7200	8400	9600	10800	12000	9600	7200	4800	2400
1	1.0	−5.0	−7.5	−10.0	−12.5	−14.9	−17.4	−19.9	−22.4	−24.6	−20.0	−15.0	−9.9	−5.1
2	7.5	−3.4	−5.2	−6.9	−8.8	−10.5	−12.2	−13.8	−15.8	−18.7	−13.7	−10.5	−6.7	−3.3
3	12.5	−2.4	−4.1	−5.4	−7.2	−9.2	−10.9	−12.2	−13.4	−16.5	−12.3	−9.3	−5.7	−2.5

续表

断面	埋置深度	加载 1	加载 2	加载 3	加载 4	加载 5	加载 6	加载 7	加载 8	加载 9	卸载 1	卸载 2	卸载 3	卸载 4
	m	2400	3600	4800	6000	7200	8400	9600	10800	12000	9600	7200	4800	2400
4	16.5	−1.7	−3.3	−4.0	−4.8	−6.1	−7.1	−8.8	−11.3	−13.1	−8.9	−6.3	−4.0	−1.6
5	21.5	−1.2	−2.1	−2.8	−3.4	−4.7	−5.9	−7.5	−9.0	−10.4	−7.5	−4.8	−2.9	−1.2
6	26.5	−0.7	−1.2	−1.8	−2.5	−3.3	−3.9	−5.2	−6.4	−7.7	−5.4	−3.4	−1.8	−0.6
7	31.5	−0.4	−0.8	−1.1	−1.8	−2.7	−3.0	−3.5	−4.0	−4.6	−3.6	−2.8	−1.0	−0.4

SZ2-02 号试验桩各断面钢筋轴力换算表（kN）　　　　　　　表 5.4-14

断面	埋置深度	加载 1	加载 2	加载 3	加载 4	加载 5	加载 6	加载 7	加载 8	加载 9	卸载 1	卸载 2	卸载 3	卸载 4
	m	2400	3600	4800	6000	7200	8400	9600	10800	12000	9600	7200	4800	2400
1	3.2	−4.6	−6.7	−9.2	−11.6	−14.1	−16.1	−18.2	−19.6	−21.2	−17.9	−14.0	−9.0	−4.5
2	6.5	−4.1	−6.1	−8.4	−10.4	−12.6	−14.1	−15.9	−17.0	−18.0	−15.6	−12.5	−8.3	−4.1
3	11.9	−3.4	−5.2	−7.0	−8.9	−10.4	−11.5	−13.0	−13.7	−14.6	−12.8	−10.5	−6.8	−3.4
4	18.8	−2.7	−4.3	−5.8	−7.1	−7.9	−8.7	−9.6	−10.2	−10.8	−9.7	−7.7	−5.5	−2.6
5	23.8	−2.2	−3.4	−4.6	−5.8	−6.4	−6.9	−7.7	−7.9	−8.2	−8.0	−6.4	−4.7	−2.2
6	28.8	−1.7	−2.5	−3.4	−4.4	−4.8	−5.0	−5.7	−5.8	−5.9	−5.5	−4.7	−3.3	−1.7
7	33.8	−1.1	−1.5	−2.1	−2.8	−3.2	−3.5	−4.2	−4.3	−4.6	−4.1	−3.1	−2.0	−1.1

SZ2-03 号试验桩各断面钢筋轴力换算表（kN）　　　　　　　表 5.4-15

断面	埋置深度	加载 1	加载 2	加载 3	加载 4	加载 5	加载 6	加载 7	加载 8	加载 9	卸载 1	卸载 2	卸载 3	卸载 4
	m	2400	3600	4800	6000	7200	8400	9600	10800	12000	9600	7200	4800	2400
1	1.5	−7.3	−10.0	−12.3	−14.8	−17.0	−19.4	−21.8	−24.2	−19.6	−15.0	−10.1	−4.8	−7.3
2	4.8	−6.2	−8.6	−10.6	−12.8	−14.5	−16.7	−18.5	−20.3	−16.8	−12.9	−8.5	−4.1	−6.2
3	10.5	−5.3	−7.1	−9.0	−10.4	−11.8	−13.3	−14.7	−15.7	−13.6	−10.3	−7.1	−3.6	−5.3
4	16.4	−4.4	−6.0	−7.2	−8.0	−8.8	−9.8	−10.3	−11.1	−10.1	−8.3	−5.9	−2.8	−4.4
5	21.4	−3.5	−4.6	−6.0	−6.5	−7.1	−7.8	−8.0	−8.4	−8.0	−6.5	−4.8	−2.3	−3.5
6	26.7	−2.5	−3.4	−4.5	−4.9	−5.1	−5.8	−5.9	−6.1	−5.8	−5.0	−3.5	−1.9	−2.5
7	29.7	−1.6	−2.1	−2.7	−3.2	−3.6	−4.3	−4.5	−4.8	−4.4	−3.4	−2.2	−1.3	−1.6

2. 灌注桩侧摩阻力的测试与计算

（1）灌注桩桩身钢筋应力测试

本试验测试及计算原理是：通过测试桩身钢筋应力，计算桩身各截面轴力及桩身各段侧摩阻力。

钢筋应力的测试采用振弦式钢筋应力计。其规格与主筋相同，钢筋应力计通过直螺纹套筒连接在主筋上，钢筋应力计按量测断面设置，每根试桩按照土层分界面、桩端及每约5m 安装一组的原则，分布在桩顶以下各主要土层分界面及桩端附近，每测试断面埋设 3只应力计。连接在应力计上的电缆用柔性材料做防水绝缘保护，绑扎在钢筋笼上引至地面，所有的应力计均用明显的标记编号，并加以保护。钢筋应力计与钢筋的连接如图 5.4-26 和图 5.4-27 所示。

图 5.4-26　钢筋应力计安装图

图 5.4-27　钢筋应力计电缆安装图

利用 32 位应力计数据采集仪测量应力计频率，见图 5.4-28。在静载荷试验加载以前，先测量各钢筋应力计的初始频率 f_0，静载荷试验每级加载达到相对稳定后，量测各钢筋应力计的频率值 f_i，钢筋应力 F（kN）的计算公式如下：

$$F = K \cdot (f_i^2 - f_0^2)$$

其中，K 为各应力计出厂标定系数。

（2）桩身轴力及侧摩阻力计算原理

基于基本假设：全桩长钢筋与混凝土紧密接触保证变形协调，钢筋与混凝土之间无相对位移；桩身变形均处于弹性阶段，满足胡克定律。利用实测钢筋应力计算桩身轴力，混凝土及钢筋各自弹性模量全桩长不变。其中 E_c、E_s 分别为 C50 混凝土及

图 5.4-28　32 位数据采集仪

HRB400 级钢筋的弹性模量按规范取值，计算 σ_c 后，即可根据相关数据求得截面桩身轴力，进而得到各段桩侧阻力。

（3）桩身轴力传递特征分布曲线

单桩在桩顶荷载作用下，荷载通过桩身向桩端传递，随着荷载的增加，其传递规律因桩侧岩性特征的差异以及桩端嵌岩条件的差异而呈现出不同的特点。图 5.4-29 ～图 5.4-32 为实测 6 根单桩钢筋应力经过上述原理计算后桩身轴力随桩顶荷载变化的分布曲线、桩身侧摩阻力分布曲线、桩身侧摩阻力平均分布曲线及荷载分担比曲线。

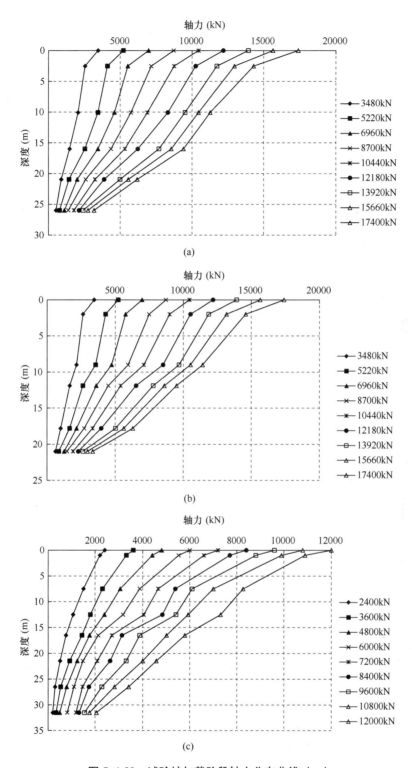

图 5.4-29 试验桩加载阶段轴力分布曲线 (一)

（a）SZ1-02 号试验桩；（b）SZ1-03 号试验桩；（c）SZ2-01 号试验桩；

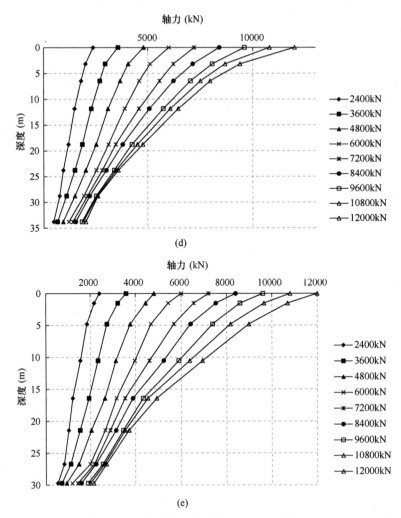

(d)

(e)

图 5.4-29　试验桩加载阶段轴力分布曲线（二）

（d）SZ2-02 号试验桩；（e）SZ2-03 号试验桩

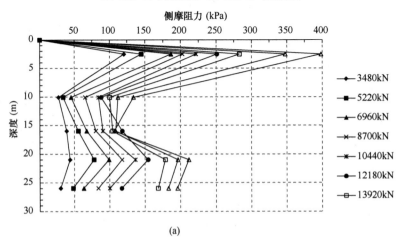

(a)

图 5.4-30　试验桩加载阶段侧摩阻力分布曲线（一）

（a）SZ1-02 号试验桩；

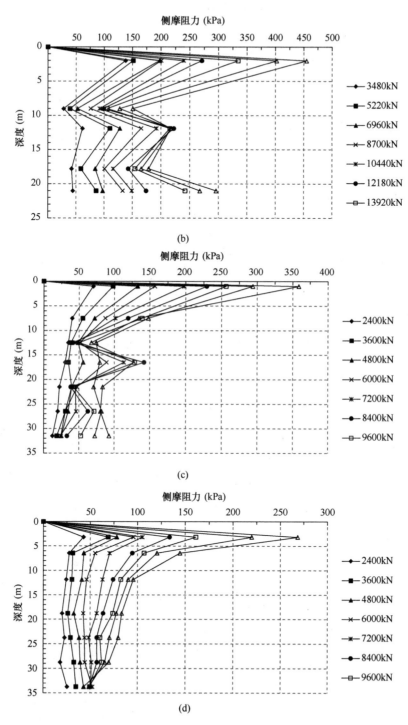

图 5.4-30 试验桩加载阶段侧摩阻力分布曲线（二）

（b）SZ1-03 号试验桩；（c）SZ2-01 号试验桩；（d）SZ2-02 号试验桩；

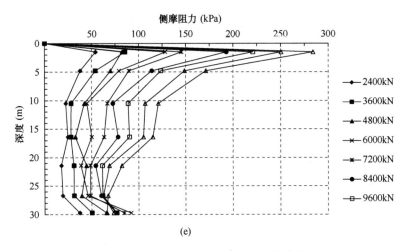

(e)

图 5.4-30　试验桩加载阶段侧摩阻力分布曲线（三）

(e) SZ2-03 号试验桩

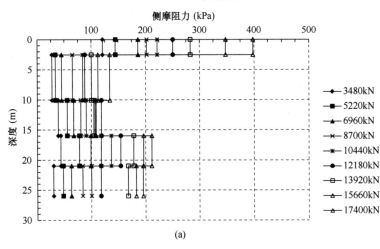

(a)

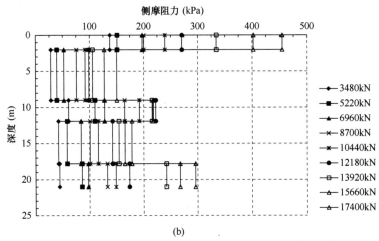

(b)

图 5.4-31　试验桩加载阶段侧摩阻力平均分布曲线（一）

(a) SZ1-02 号试验桩；(b) SZ1-03 号试验桩；

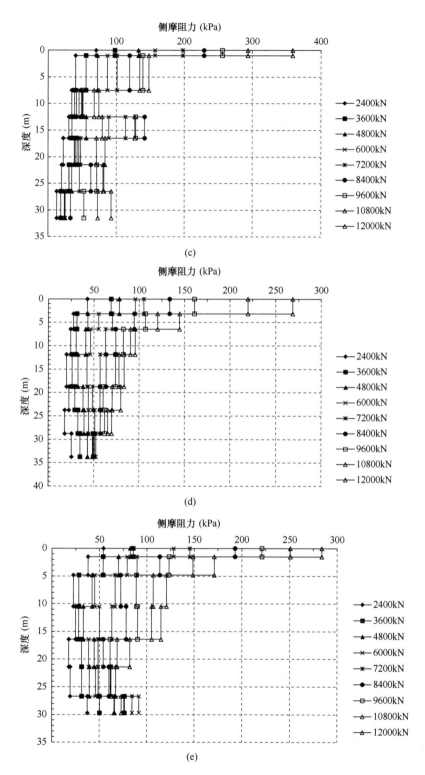

图 5.4-31 试验桩加载阶段侧摩阻力平均分布曲线（二）

（c）SZ2-01 号试验桩；（d）SZ2-02 号试验桩；（e）SZ2-03 号试验桩

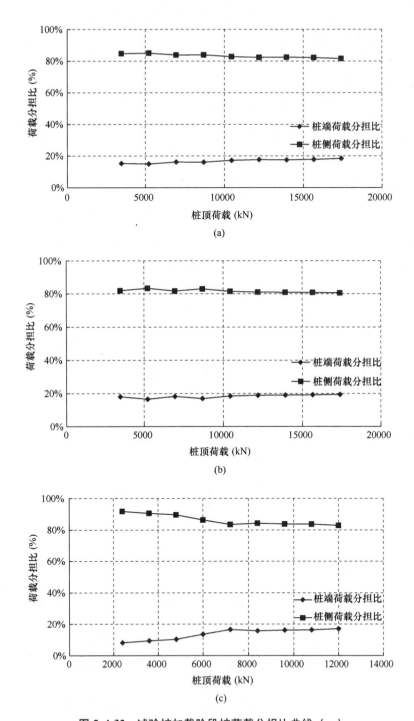

图 5.4-32　试验桩加载阶段桩荷载分担比曲线（一）

（a）SZ1-02 号试验桩；（b）SZ1-03 号试验桩；（c）SZ2-01 号试验桩；

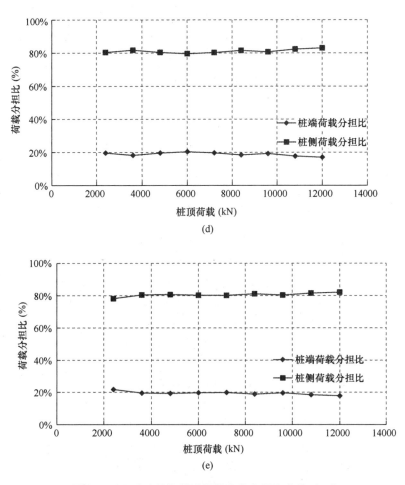

图 5.4-32 试验桩加载阶段桩荷载分担比曲线（二）

（d）SZ2-02 号试验桩；（e）SZ2-03 号试验桩

5.4.4 桩身轴力与载荷试验成果综合分析

通过对本试验区两组试验共 6 根桩单桩静力载荷全过程即加载—卸载的试验数据分析，对不同加载条件下桩身轴力、桩侧摩阻力、不同深度桩身截面应力变化规律进行对比，归纳出本次试验桩具有如下特征。

1. 桩身轴力传递特征

桩身轴力-桩顶荷载随深度变化关系曲线见图 5.4-29，桩身轴力传递呈现出一致规律，即随桩顶荷载递增，桩身轴力随深度分布呈现"上大下小"，由上往下均匀递减。由于本次试验单桩最大加载受锚桩抗拔力的限制，各桩均未加载到极限值，所以在卸载阶段桩身轴力随深度的变化各断面均能一致降低，桩体呈现良好的线弹性，嵌岩桩回弹率超过 50%，桩长短，桩端凝灰岩抗压强度高，无侧限抗压强度大于 80MPa，桩端又采取了后注浆措施更加有利于桩端承载力的发挥。

2. 桩侧阻力分布特征

桩身侧摩阻力-桩顶荷载随深度变化曲线见图 5.4-30，桩身侧摩阻力随桩身分布形态呈现出一致规律，且都表现为正摩阻力随着桩顶荷载的增加，桩身各截面侧摩阻力逐步增加。在桩顶荷载加载到最大值时，桩身侧摩阻力达到最大值，侧阻力最大峰值高达454.7kPa，平均值为352.8kPa。

在桩顶加载到最大值时，桩身受力荷载分担比见图 5.4-32，统计如表 5.4-16 所示。

桩身荷载分担比统计表　　　　　　　　　　　　　　　　表 5.4-16

试验组号	受力部位 注浆工况	桩身受力分担比例(%)		
		桩侧	桩端	备注
SZ1-02	桩端后注浆	81.6	18.4	
SZ1-03		80.6	19.4	
SZ2-01	桩侧桩端后注浆	82.9	17.1	
SZ2-02		83.0	17.0	
SZ2-03		82.1	17.9	

由表 5.4-16 可知，在最大加载情况下，桩侧范围内土层分担了大部分荷载，占所加荷载的 80.6%～83.0%，桩端分担的荷载较小，占所加荷载的 17.0%～19.4%。由此说明后注浆施工技术使桩身侧摩阻力得以充分发挥，且能使桩身荷载更好的往下传递。

3. 单桩承载力计算分析

本次 3 组试验，其中 DJ 大直径短桩单桩加载最大值为 7500kN，嵌岩桩单桩加载最大值为 17400kN，摩擦桩单桩加载最大值为 12000kN，最大桩顶沉降量分别约为 20.52mm、12.11mm 和 14.71mm，除 SZ1-01 号桩外，均未达到极限值，从单桩 Q-s 曲线形态上来看，各桩均呈线弹性状态，承载力还具有一定的储备。但是，大直径短桩在最大荷载作用下，桩顶沉降均大于嵌岩桩和摩擦端承桩，由此当基础采用大直径短桩与长桩组合设计时应按变形协调原则适当降低设计承载力。SZ1 型嵌岩桩在最大荷载作用下仍处于弹性状态，卸载回弹率也较大，桩还没有达到最大极限状态，说明单桩承载力还有潜力。因此，基础桩设计时可以缩小桩径，桩径可取 800mm，桩长保持不变，桩端持力层仍为中等风化凝灰岩。经过对桩身轴力、桩侧摩阻力、不同深度桩身截面应力变化规律的分析，可知桩身分担了桩顶大部分荷载平均约为 82%，桩端分担很小平均约为 18%，因此桩端沉渣厚度控制非常关键，采用桩端后注浆十分必要。

5.4.5　后注浆桩侧、桩端阻力测试结果

结合基桩静载荷试验和桩身应力测试结果，经过数据整理和计算，针对本试验桩采用后注浆施工技术后，桩侧、桩端阻力综合提高系数建议取值详见表 5.4-17。

后注浆桩侧阻力、端阻力综合提高系数　　　　　　　　表 5.4-17

类别	试验桩荷载加载值 (kN)	有效桩长 (m)	灌注桩平均 充盈系数	侧阻力综合 提高系数	端阻力综合 提高系数
嵌岩桩	17400	21.5～31.0	1.18	2.2	
摩擦桩	12000	30.0～33.0		2.4	1.7

注：1. 以上建议值依据本项目试验桩工程试验数据所得，因桩侧、桩端阻力提高系数受荷载大小、荷载增量、后注浆注浆量、施工工艺等因素影响较大，建议单桩极限承载力标准值确定以单桩静载荷试验 Q-s 测试数据为主，以桩侧、桩端阻力提高系数为辅。

2. 本次试验施工采用泥浆护壁、旋挖钻机成孔、水下灌注混凝土施工工艺，并采用了后注浆施工技术，建议结构设计使用上述数据时应充分考虑大面积桩基施工工期短，专业施工队伍多，技术水平参差不齐，地下水位变化，场地条件对桩侧、桩端阻力提高系数的影响，结合相关规范综合取值。

5.5 结论

（1）针对本场地地层条件，基桩采用旋挖钻孔、泥浆护壁、水下灌注混凝土施工工艺可行。

（2）采用后注浆技术的试验桩在设计最大加载条件下，除 SZ1-01 号试验桩被破坏之外，其余均未达到极限破坏状态，说明单桩竖向承载力还有一定潜力，具体试验结果详见表 5.5-1。

试验桩工程静载荷试验结果　　　　　　表 5.5-1

类别	桩号	有效桩长（m）	单桩竖向抗压最大荷载(kN)	桩顶累计沉降（mm）
大直径短桩	DJ-01	5.0	8000	15.59
	DJ-02		7500	20.52
	DJ-03		7500	19.40
嵌岩桩	SZ1-01	31.0	8700	18.28
	SZ1-02	26.7	17400	12.11
	SZ1-03	21.5		7.91
摩擦桩	SZ2-01	33.0	12000	9.46
	SZ2-02	34.0		9.91
	SZ2-03	30.0		14.71

（3）采用后注浆施工技术后，侧阻力、端阻力综合提高系数详见表 5.4-17。

（4）试验桩在设计最大竖向加载条件下，桩侧摩阻力分担了大部分荷载，占所加荷载的 80.6%～83.0%，桩端阻力分担的荷载较小，占所加荷载的 17.0%～19.4%。

（5）嵌岩桩设计时可以缩小桩径，桩径可取 800mm，桩长保持不变，桩端持力层仍为中等风化凝灰岩。当基础桩采用大直径短桩与长桩组合设计时应按变形协调原则适当降低大直径短桩单桩设计承载力。

参 考 文 献

[1]   国家建筑工程总局. 工业与民用建筑灌注桩基础设计与施工规程：JGJ 4—80 [S]. 北京：中国建筑工业出版社，1980：15-21.

[2]   中华人民共和国建设部. 建筑桩基技术规范：JGJ 94—94 [S]. 北京：中国建筑工业出版社，1994：39-40.

[3]   中华人民共和国住房和城乡建设部. 建筑桩基技术规范：JGJ 94—2008 [S]. 北京：中国建筑工业出版社，2002：39-41.

[4]   中华人民共和国建设部. 岩土工程勘察规范（2009 年版）：GB 50021—2001. 北京：中国建筑工业出版社，2009：101-116.

[5]   中华人民共和国住房和城乡建设部. 建筑地基基础设计规范：GB 50007—2011 [S]. 北京：中国建筑工业出版社，2011：90-91.

[6]   中华人民共和国住房和城乡建设部. 建筑基桩检测技术规范：JGJ 106—2014. 北京：中国建筑工业出版社，2014：13-18.

[7]   中华人民共和国住房和城乡建设部. 高填方地基技术规范：GB 51254—2017. 北京：中国建筑工业出版社，2017：27-32.

[8]   重庆市城乡建设委员会. 建筑地基基础设计规范：DBJ 50—047—2016. 北京：中国建筑工业出版社，2016：85-91.

[9]   甘厚义，焦景有，金幸初，高岱，张立安，秦汉昌. 贵阳龙洞堡机场大块石填筑地基的强夯处理技术 [J]. 建筑科学，1995 (1)：17-26.

[10] 王铁宏，水伟厚，王亚凌，裴捷. 10000kN·m 高能级强夯时的地面变形与孔压试验研究 [J]. 岩土工程学报，2005 (7)：759-762.

[11] 甘厚义，周虎鑫，林本銮，张合青，王逢朝，林跃，梁文，邓方贵，余积新. 关于山区高填方工程地基处理问题 [J]. 建筑科学，1998 (6)：16-22.

[12] 周德泉，张可能，刘宏利，邓文清. 强夯加固填土的效果与机理分析 [J]. 中南大学学报（自然科学版），2004 (2)：322-327.

[13] 年廷凯，李鸿江，杨庆，陈允进，王玉立. 不同土质条件下高能级强夯加固效果测试与对比分析 [J]. 岩土工程学报，2009，31 (1)：139-144.

[14] 化建新，闫德刚，赵杰伟，郭密文. 第七届全国岩土工程实录交流会特邀报告——地基处理综述及新进展 [J]. 岩土工程技术，2015，29 (6)：285-300.

[15] 吴春林，孙晓波，李永波，王铁宏，吴延伟，王亚凌. 50 万 m³ 原油罐区深厚回填土高能级强夯地基的处理 [J]. 建筑科学，2001 (5)：32-36＋40.

[16] 刘金砺，祝经成. 泥浆护壁灌注桩后注浆技术及其应用 [J]. 建筑科学，1996 (2)：13-18.

[17] 刘焕存，高凤莲，许珩. 大面积深厚杂填土地基处理技术 [J]. 岩土工程技术，2006 (6)：307-310.

[18] 张忠苗. 软土地基超长嵌岩桩的受力性状 [J]. 岩土工程学报，2001 (5)：552-556.

[19] 邓才雄，刘焕存，高景利. 湿陷性填土地基的加固处理 [J]. 岩土工程技术，2002 (1)：55-59.

[20] 黎良杰，刘焕存，李东霞，王程亮. 注浆加固法在填土处理中的研究与应用 [C] //中国建筑学会工程勘察分会：中国建筑学会工程勘察分会，2013：5.

[21] 编委会. 工程地质手册：第5版 [M]. 北京：中国建筑工业出版社，2018：964-984.

[22] 杨天亮，叶观宝. 高能级强夯法在湿陷性黄土地基处理中的应用研究 [J]. 长江科学院院报，2008（2）：54-57.

[23] 高一峰，柴贺军，杨建国，沈康健. 土石混填路基强夯压实试验研究 [J]. 公路交通技术，2003（3）：8-11.

[24] 董倩，况龙川，孔凡林. 碎石土地基强夯加固效果评价与工程实践 [J]. 岩土工程学报，2011，33（S1）：337-341.

[25] 刘金砺，黄强，李华，高文生. 竖向荷载下群桩变形性状及沉降计算 [J]. 岩土工程学报，1995（6）：1-13.

[26] 卢萍珍，孙宏伟，方云飞，杨爻. 北京南郊地区灌注桩长桩承载性状试验分析 [J]. 建筑结构，2017，47（S1）：1039-1044.

[27] 赵明华，曹文贵，刘齐建，杨明辉. 按桩顶沉降控制嵌岩桩竖向承载力的方法 [J]. 岩土工程学报，2004（1）：67-71.

[28] 张建新，吴东云. 桩端阻力与桩侧阻力相互作用研究 [J]. 岩土力学，2008（2）：541-544.

[29] 刘兴远，郑颖人，林文修. 关于嵌岩桩理论研究的几点认识 [J]. 岩土工程学报，1998（5）：121-122.

[30] 叶琼瑶，黄绍铿. 软岩嵌岩桩的模型试验研究 [J]. 岩石力学与工程学报，2004（3）：461-464.

[31] 邢皓枫，孟明辉，罗勇，叶观宝，何文勇. 软岩嵌岩桩荷载传递机理及其破坏特征 [J]. 岩土工程学报，2011，33（S2）：355-361.

[32] 席宁中，刘金砺，席婧仪. 桩端土刚度对桩侧阻力影响的数值分析 [J]. 岩土工程学报，2011，33（S2）：174-177.

[33] 黄求顺. 嵌岩桩承载力的试验研究 [C] //中国建筑学会地基基础学术委员会论文集. 太原：山西高校联合出版社，1992：47-52.

[34] 彭柏兴，王星华. 白垩系泥质粉砂岩岩基强度试验研究 [J]. 岩石力学与工程学报，2005（15）：2678-2682.

[35] 刘松玉，季鹏，韦杰. 大直径泥质软岩嵌岩灌注桩的荷载传递性状 [J]. 岩土工程学报，1998（4）：61-62＋64.

[36] 明可前. 嵌岩桩受力机理分析 [J]. 岩土力学，1998（1）：65-69.

[37] 刘树亚，刘祖德. 嵌岩桩理论研究和设计中的几个问题 [J]. 岩土力学，1999（4）：86-92.

[38] 董金荣. 嵌岩桩承载性状分析 [J]. 工程勘察，1995（3）：13-18.

[39] 彭柏兴. 红层软岩工程特性及其大直径嵌岩桩若干问题研究 [D]. 长沙：中南大学，2009.

[40] 王卫东，吴江斌，王向军. 嵌岩桩嵌岩段侧阻和端阻综合系数研究 [J]. 岩土力学，2015，36（S2）：289-295.

[41] 张忠苗. 软土地基大直径桩受力性状与桩端注浆新技术 [M]. 杭州：浙江大学出版社，1997：109-112.

[42] 张忠苗. 灌注桩后注浆技术及工程应用 [M]. 北京：中国建筑工业出版社，2009.

[43] 刘焕存，穆伟刚，刘涛. 有机泥浆理化特性研究及其工程应用 [J]. 岩土工程技术，2017，31（2）：55-61＋71.

[44] 黄生根，龚维明. 超长大直径桩压浆后的承载性能研究 [J]. 岩土工程学报，2006，28（1）：113-117.

[45] 刘焕存，孙凤玲，刘涛. 水下钻孔灌注桩后注浆承载特性试验研究 [J]. 岩土工程技术，2020，34（4）：243-249.

[46] 张忠苗，吴世明，包风. 钻孔灌注桩桩底后注浆机理与应用研究 [J]. 岩土工程学报，1999

(6)：681-686.

[47] 刘开富，方鹏飞，刘雪梅，等. 软土地区桩端后注浆灌注桩竖向承载性能试验研究 [J]. 岩土工程学报，2013，35 (2)：1054-1057.

[48] 何剑. 后注浆钻孔灌注桩承载性状试验研究 [J]. 岩土工程学报，2002，124 (6)：24-27.

[49] 刘涛，刘焕存，孙凤玲. 钻孔灌注桩单桩竖向承载力判定方法在武汉某工程中的对比研究 [J]. 岩土工程技术，2019，33 (3)：166-172.

[50] 姚海林. 钻孔后压浆灌注桩承载力试验研究 [J]. 岩土力学，1998 (2)：19.

[51] 程晔，龚维明，张喜刚，戴国亮. 超长大直径钻孔灌注桩桩端后压浆试验研究 [J]. 岩石力学与工程学报，2010，29 (S2)：3885-3892.

[52] 孙凤玲，刘焕存. 甲级桩基工程不试桩实施案例 [J]. 山西建筑，2018，44 (12)：60-61.

[53] 张忠苗，张乾青. 后注浆抗压桩受力性状的试验研究 [J]. 岩石力学与工程学报，2009，28 (3)：475-482.

[54] 刘念武，龚晓南，俞峰. 大直径钻孔灌注桩的竖向承载性能 [J]. 浙江大学学报（工学版），2015，49 (4)：763-768.

[55] 王志辉，刘斌，庄平辉. 砂卵石持力层桩端注浆灌注桩承载力与荷载传递规律 [J]. 工业建筑，2001 (8)：40-42＋26.

[56] 刘俊龙. 砾卵石层中大口径桩底高压注浆灌注桩的承载性状 [J]. 工程勘察，2000 (5)：9-11＋34.

重庆京东方 B8 新型半导体显示器件及系统项目

重庆京东方 B12 半导体显示器件生产线项目

武汉京东方 B17 新型半导体显示器件及系统项目

成都京东方 B7 半导体显示器件生产线项目

福清京东方 B10 新型半导体显示器件及系统项目